essentials

T0210086

essentials liefern aktuelles Wissen in konzentrierter Form. Die Essenz dessen, worauf es als „State-of-the-Art" in der gegenwärtigen Fachdiskussion oder in der Praxis ankommt. *essentials* informieren schnell, unkompliziert und verständlich

- als Einführung in ein aktuelles Thema aus Ihrem Fachgebiet
- als Einstieg in ein für Sie noch unbekanntes Themenfeld
- als Einblick, um zum Thema mitreden zu können

Die Bücher in elektronischer und gedruckter Form bringen das Expertenwissen von Springer-Fachautoren kompakt zur Darstellung. Sie sind besonders für die Nutzung als eBook auf Tablet-PCs, eBook-Readern und Smartphones geeignet. *essentials:* Wissensbausteine aus den Wirtschafts-, Sozial- und Geisteswissenschaften, aus Technik und Naturwissenschaften sowie aus Medizin, Psychologie und Gesundheitsberufen. Von renommierten Autoren aller Springer-Verlagsmarken.

Weitere Bände in dieser Reihe http://www.springer.com/series/13088

Cornelius Pfisterer

Nachbarrecht im Bauwesen

Schnelleinstieg für Architekten und Bauingenieure

 Springer Vieweg

Cornelius Pfisterer
Berlin, Deutschland

ISSN 2197-6708   ISSN 2197-6716   (electronic)
essentials
ISBN 978-3-658-16479-9   ISBN 978-3-658-16480-5   (eBook)
DOI 10.1007/978-3-658-16480-5

Die Deutsche Nationalbibliothek verzeichnet diese Publikation in der Deutschen Nationalbiblio-
grafie; detaillierte bibliografische Daten sind im Internet über http://dnb.d-nb.de abrufbar.

Springer Vieweg
© Springer Fachmedien Wiesbaden GmbH 2017
Das Werk einschließlich aller seiner Teile ist urheberrechtlich geschützt. Jede Verwertung, die
nicht ausdrücklich vom Urheberrechtsgesetz zugelassen ist, bedarf der vorherigen Zustimmung
des Verlags. Das gilt insbesondere für Vervielfältigungen, Bearbeitungen, Übersetzungen,
Mikroverfilmungen und die Einspeicherung und Verarbeitung in elektronischen Systemen.
Die Wiedergabe von Gebrauchsnamen, Handelsnamen, Warenbezeichnungen usw. in diesem
Werk berechtigt auch ohne besondere Kennzeichnung nicht zu der Annahme, dass solche Namen
im Sinne der Warenzeichen- und Markenschutz-Gesetzgebung als frei zu betrachten wären und
daher von jedermann benutzt werden dürften.
Der Verlag, die Autoren und die Herausgeber gehen davon aus, dass die Angaben und
Informationen in diesem Werk zum Zeitpunkt der Veröffentlichung vollständig und korrekt
sind. Weder der Verlag noch die Autoren oder die Herausgeber übernehmen, ausdrücklich oder
implizit, Gewähr für den Inhalt des Werkes, etwaige Fehler oder Äußerungen.

Gedruckt auf säurefreiem und chlorfrei gebleichtem Papier

Springer Vieweg ist Teil von Springer Nature
Die eingetragene Gesellschaft ist Springer Fachmedien Wiesbaden GmbH
Die Anschrift der Gesellschaft ist: Abraham-Lincoln-Str. 46, 65189 Wiesbaden, Germany

Was Sie in diesem *essential* finden können

- Übersicht zum baubezogenen Nachbarrecht
- Ansprüche des Bauherrn und Abwehrrechte des Nachbarn
- Wichtige Formalien und Lösungshinweise für Standardprobleme
- Hinweise für die Gestaltung einer Nachbarvereinbarung

Inhaltsverzeichnis

Einleitung 1

Aufgrund des vor allem in Großstädten bestehenden Wohnungsmangels werden verstärkt Bauvorhaben in Baulücken oder in Form einer Erhöhung von Bestandsimmobilien in Angriff genommen. Die Stadt wird verdichtet. Neben den damit verbundenen bautechnischen Herausforderungen ergeben sich gerade im Innenstadtbereich auch erhebliche rechtliche Zwänge. Denn dort ist in besonderer Weise auf die Belange der Grundstücksnachbarn Rücksicht zu nehmen. Eine Realisierung des Bauvorhabens ohne die Nachbargrundstücke in Anspruch zu nehmen, ist in der Praxis kaum denkbar. Es ist deshalb auch für den Planer von besonderer Bedeutung, zuverlässig einschätzen zu können, was rechtlich zulässig und durchsetzbar ist. Dies ist sowohl bei der Planung, als auch bei der Bauüberwachung zu berücksichtigen. Im Rahmen der Planung können sich Fehleinschätzungen des Architekten bezüglich des öffentlich-rechtlichen Nachbarschutzes und daraus resultierende Genehmigungsprobleme unmittelbar haftungsbegründend auswirken. Faktisch sind Architekten aber auch im Rahmen der Bauüberwachung häufig mit nachbarrechtlichen Fragen befasst, die sich auf die Organisation der Baustelle beziehen. Hierzu soll dieses *essential* die notwendigen Grundlagen vermitteln.

Zunächst werden die rechtlichen Grundlagen erläutert. Es schließt sich eine Darstellung des öffentlichen Baunachbarrechts und sodann des privatrechtlichen Baunachbarrechts an. Gesondert behandelt werden die landesrechtlichen Nachbargesetze. Die Fallbeispiele orientieren sich dabei meist am Berliner Nachbarrecht. Abschließend folgen Hinweise zur Gestaltung einer Nachbarvereinbarung. Verweise auf Rechtsprechung und Praxistipps ergänzen die Darstellung.

Soweit Vorschriften öffentlich zugänglich sind, finden Sie am Ende des Werks Gesetzesnachweise mit den bei Abfassung des Manuskripts gültigen URL-Adressen sowie in der elektronischen Fassung eine entsprechende Verlinkung. Für die Richtigkeit und Aktualität der verlinkten Seiten kann keine Haftung übernommen werden.

© Springer Fachmedien Wiesbaden GmbH 2017
C. Pfisterer, *Nachbarrecht im Bauwesen,* essentials,
DOI 10.1007/978-3-658-16480-5_1

Grundlagen 2

In diesem Kapitel erhalten Sie einen Überblick über die durch ein Bauvorhaben berührten Rechtsgebiete, die Abgrenzung zwischen dem öffentlichen Recht und dem Privatrecht sowie eine Einführung in die Grundlagen und Rechtsquellen des Nachbarrechts.

2.1 Öffentliches Baurecht

Das öffentliche Baurecht regelt die Zulässigkeit eines Bauvorhabens im Verhältnis des Bauherrn zum Staat. Hierzu gehören alle Regelungen, die sich mit der Errichtung, Nutzung, Veränderung und Beseitigung baulicher Anlagen befassen.

Das öffentliche Baurecht gliedert sich grob in zwei Bereiche:

Das *Bauplanungsrecht* – auch Städtebaurecht oder Stadtplanungsrecht genannt – ist grundsätzlich flächenbezogener Natur und dient dazu, die rechtliche Qualität des Bodens und seiner Nutzbarkeit in den Gemeinden festzulegen. Zentrale Rechtsquelle ist das Baugesetzbuch *(BauGB)* in Verbindung mit der Baunutzungsverordnung *(BauNVO)*.

Das *Bauordnungsrecht* regelt technische Anforderungen an Bauvorhaben und dient der Abwehr von Gefahren, die von der Errichtung und dem Betrieb von Bauwerken ausgehen. So sind z. B. die Regelungen zum Brandschutz ein wichtiger Teil des Bauordnungsrechts. Jedes Bundesland hat eigene Landesbauordnungen erlassen, da nach dem Grundgesetz für das Bauordnungsrecht die Länder zuständig sind. Die jeweilige Landesbauordnung regelt darüber hinaus das Verfahren zur Erlangung einer Baugenehmigung und gewährleistet so die Einhaltung der bauplanungsrechtlichen Vorschriften.

Das öffentliche Baurecht regelt keine privatrechtlichen Belange und ist deshalb vom Privatrecht abzugrenzen. Eine Baugenehmigung ergeht stets unbeschadet

© Springer Fachmedien Wiesbaden GmbH 2017
C. Pfisterer, *Nachbarrecht im Bauwesen,* essentials,
DOI 10.1007/978-3-658-16480-5_2

der Rechte Dritter. Die Behörde prüft, ob ein Bauvorhaben mit dem öffentlichen Recht vereinbar ist. Privatrechtliche Fragen bleiben grundsätzlich außen vor. Allerdings können die Belange des Nachbarn sowohl aus bauplanungs- als auch aus bauordnungsrechtlicher Sicht eine erhebliche Rolle spielen, wenn das öffentliche Recht im konkreten Fall dazu dient, Rechte Dritter – insbesondere von Grundstücksnachbarn – zu schützen. Man spricht dann vom öffentlich-rechtlichen Baunachbarrecht.

2.2   Privates Baurecht

Das private Baurecht regelt die Rechtsverhältnisse der an einem Bauprojekt beteiligten Personen. Hierzu gehören im Regelfall der Bauherr, der Bauunternehmer und der Planer. Wichtige Rechtsquellen sind das *BGB*, die *VOB/B* und die *HOAI*. Sowohl Bauauftrag als auch Planungsauftrag sind regelmäßig Werkverträge nach §§ 631 ff. BGB, bei denen der Auftragnehmer einen Erfolg schuldet. Das private Baurecht enthält an sich keine unmittelbar geltenden nachbarrechtlichen Regelungen. Der Architekt schuldet aber regelmäßig eine genehmigungsfähige Planung. Es kann eine Haftung des Architekten begründen, wenn seine Planung die Inanspruchnahme des Nachbargrundstücks mit sich bringt, ohne dass eine notwendige Zustimmung vorliegt und die Genehmigung deshalb nicht erteilt wird oder das Bauvorhaben nicht durchgeführt werden kann. Darüber hinaus enthalten bestimmte DIN-Normen, die über die Einbeziehung der VOB/B und damit verbunden der VOB/C Vertragsbestandteil werden, Vorgaben für den Umgang mit dem Nachbargrundstück. Als Beispiel sei hier die DIN 18303 „Verbauarbeiten" genannt, die als möglicherweise erforderlichen Inhalt der Leistungsbeschreibung unter anderem folgende Punkte benennt:

0.1.4   Art, Umfang und Ausführungszeitpunkt von Beweissicherungsmaßnahmen
0.1.5   Zulässige Verformungen des Verbaus und benachbarter Bauwerke
0.2.18   Nutzung fremder Grundstücke durch den Verbau und die Verankerungen

2.3   Grundstücksrecht

Das Grundstücksrecht gehört systematisch zum sogenannten Sachenrecht des BGB und konkretisiert für Grundstücke das Eigentumsrecht. Ausgangspunkt ist § 903 BGB, wonach der Eigentümer einer Sache mit dieser Sache nach Belieben verfahren und andere von jeder Einwirkung ausschließen kann. Einschränkungen dieses Rechts in Bezug auf Grundstücke sind dann in den §§ 905 ff. BGB geregelt. Bestimmte Immissionen – unter anderem auch Lärm und Baustaub – sind in gewissen Ausmaßen hinzunehmen. Ein Grundstück darf aber – zum Beispiel durch eine Baugrube – nicht so vertieft werden, dass das Nachbargrundstück seine Stütze verliert.

Nachbarrechtliche Relevanz entfaltet im Grundstücksrecht darüber hinaus vor allem das Rechtsinstitut der Dienstbarkeit.

Begriff

Dienstbarkeit. Hierunter versteht man die Belastung eines Grundstücks zugunsten eines anderen Grundstücks oder einer Person mit der Pflicht, etwas zu tun, zu dulden oder zu unterlassen.

Einer der häufigsten Anwendungsfälle für eine Dienstbarkeit sind Geh-, Fahr- und Leitungsrechte. Verfügt ein Grundstück nicht über einen eigenen Zugang zu einer öffentlichen Straße oder eine Anschlussmöglichkeit zum Beispiel an das Abwassernetz, kann es zur Sicherung der Erschließung und damit der Bebaubarkeit des Grundstücks erforderlich werden, hierfür angrenzende Grundstücke in Anspruch zu nehmen.

Um dieses Recht dauerhaft zu sichern, wird im Grundbuch des belasteten Grundstücks eine Dienstbarkeit eingetragen, die festlegt, in welchem Umfang das Befahren und Begehen des Grundstücks oder das Führen von Leitungen zu dulden ist. Aufgrund der Eintragung bleibt die Belastung auch bei einem Verkauf des Grundstücks erhalten.

Begünstigt ist bei einem Geh- und Fahrrecht regelmäßig ein anderes – häufig benachbartes – Grundstück. Es kann aber auch ein bestimmter Personenkreis begünstigt werden; dann handelt es sich um eine beschränkte persönliche Dienstbarkeit.

2.4 Nachbarrecht

Das Nachbarrecht in dem hier interessierenden Zusammenhang stellt die Schnittstelle zwischen dem öffentlichen Baurecht und den privaten Grundstücksrechten Dritter – insbesondere der Grundstücksnachbarn – dar.

Zu unterscheiden ist auch hier zwischen öffentlich-rechtlich und privatrechtlich begründeten Abwehrrechten.

Das öffentliche Baurecht enthält Vorschriften, die den Nachbarn schützen sollen. Hierzu gehört z. B. das Abstandsflächenrecht. Auf die Einhaltung solcher, sogenannter drittschützender Vorschriften kann sich der Nachbar berufen und hierauf gestützt Einwendungen gegen einen Bauantrag oder eine Baugenehmigung geltend machen. Das Vorliegen einer Baugenehmigung bedeutet aber noch nicht, dass diese Baugenehmigung auch ausgeübt werden kann. Dem Nachbarn können gleichwohl Abwehrrechte zur Verfügung stehen. Die Behörde prüft im Baugenehmigungsverfahren grundsätzlich nicht, ob entgegenstehende private Rechte vorliegen. Diese ergeben sich – ebenso wie etwaige Ansprüche eines Bauherrn auf Duldung und Inanspruchnahme und damit Einschränkungen des Eigentums – aus dem besonderen Sachenrecht der §§ 905 ff. BGB sowie aus Nachbarrechtsgesetzen. Da für das reine Nachbarrecht die Gesetzgebungskompetenz bei den Ländern liegt, ist für jedes Bundesland gesondert zu prüfen, welches Nachbarrechtsgesetz gilt und ob es für den konkreten Fall Regelungen bereithält.

> **Hinweis**
>
> **Anwendbares Landesrecht.** Prüfen Sie stets, ob und welche konkreten nachbarrechtlichen Vorschriften in dem Bundesland gelten, in dem gebaut wird.

Zu den typischen Regelungsbereichen der Nachbarrechtsgesetze gehören:

- Anbau an Nachbar- und Grenzwand
- Ausübung des Hammerschlags- und Leiterrechts
- Fenster- und Lichtrechte
- Bodenerhöhungen
- Leitungsrechte
- Entwässerungsfragen
- Einfriedung von Grundstücken
- Grenzabstände von Pflanzen.

Wenn Sie nicht frei auf der grünen Wiese bauen können, sondern auf bebaute Nachbargrundstücke Rücksicht nehmen müssen, sind insbesondere die Regelungen zu Nachbar- und Grenzwänden und das Hammerschlags- und Leiterrecht von Relevanz.

Öffentliches Baunachbarrecht 3

3.1 Einordnung

Die Frage nach dem Nachbarschutz im öffentlichen Baurecht stellt sich sowohl dem Bauherrn, als auch dem Nachbarn. Der Bauherr muss möglicherweise schon in seinem Bauantrag auf nachbarliche Interessen Rücksicht nehmen. Gegen eine erteilte Baugenehmigung kann sich dann der Nachbar – gegebenenfalls – zur Wehr setzen.

Grundsätzlich regelt das öffentlich-rechtliche Baunachbarrecht nur die Wahrung bestimmter öffentlicher Belange. Die Baugenehmigung wird unbeschadet der privaten Rechte Dritter erteilt. Bereits im Baugenehmigungsverfahren prüft die Behörde dabei aber drittschützende Normen des öffentlichen Nachbarrechts. Verkennt die Behörde hier den Umfang der Nachbarrechte und erteilt z. B. zu Unrecht eine Befreiung oder eine Ausnahme von nachbarschützenden Vorschriften, kann der betroffene Nachbar mit Widerspruch und Klage gegen die Baugenehmigung vorgehen.

3.2 Nachbarschutz

Nicht alle öffentlich-rechtlichen Normen dienen unmittelbar dem Schutz des Nachbarn oder sonstiger Dritter. Der Nachbar kann sich aber nur auf die Verletzung **drittschützender** Normen bzw. Grundsätze berufen.

Das *Bundesverwaltungsgericht* formuliert wie folgt:

Im Hinblick auf Belästigungen und Störungen des Nachbarn durch ein Bauvorhaben besitzt das Bauplanungsrecht mit den §§ 31, 34, 35 BauGB sowie mit § 15 BauNVO Regelungen, die Umfang und Grenzen des Nachbarschutzes umfassend bestimmen. Welche Beeinträchtigungen seines Grundeigentums der Nachbar hinnehmen muss

© Springer Fachmedien Wiesbaden GmbH 2017
C. Pfisterer, *Nachbarrecht im Bauwesen*, essentials,
DOI 10.1007/978-3-658-16480-5_3

und wann er sich gegen ein Bauvorhaben wenden kann, richtet sich nach den Grundsätzen des Rücksichtnahmegebots, das in den genannten Vorschriften enthalten ist (BVerwGE 89, 69).

Wesentliche Elemente des öffentlich-rechtlichen Baunachbarrechts sind der Gebietsbewahrungs- oder Gebietserhaltungsanspruch im Geltungsbereich eines Bebauungsplans und das Gebot der Rücksichtnahme im unbeplanten Innenbereich. Die Reichweite des Nachbarschutzes hängt davon ab, in welchem Gebiet im Sinne der §§ 29 ff. BauGB sich das Bauvorhaben befindet:

Bebauungsplan
Nur einem Teil der Festsetzungen eines Bebauungsplans kann nachbarschützende Wirkung zukommen:

Der Bebauungsplan kann selbst ausdrücklich nachbarschützende Aussagen treffen. Dies ist anhand seiner Festsetzungen und der Begründung zu ermitteln.

Grundsätzlich nachbarschützend sind Festsetzungen über die **Art** der baulichen Nutzung. Sie vermitteln dem Grundstückseigentümer im Gebiet der Festsetzung den Anspruch auf Einhaltung der Beschränkung der baulichen Nutzbarkeit der Grundstücke. Dies gilt unabhängig von der Entfernung zwischen den Grundstücken und einer konkreten Beeinträchtigung. Der Nachbarschutz beruht insoweit auf dem Gedanken des wechselseitigen Austauschverhältnisses. Da der Eigentümer eines Grundstücks bei dessen Ausnutzung durch den Bebauungsplan öffentlich-rechtlichen Beschränkungen unterworfen ist, kann er deren Beachtung grundsätzlich auch im Verhältnis zum Nachbarn durchsetzen. Man spricht insoweit vom *Gebietserhaltungsanspruch.*

Teilweise nachbarschützende Funktion kommt § 15 Abs. 1 S. 2 BauNVO zu, wonach bauliche Anlagen im Einzelfall unzulässig sein können, wenn von ihnen Belästigungen oder Störungen ausgehen können, die nach der Eigenart des Baugebiets im Baugebiet selbst oder in dessen Umgebung unzumutbar sind, oder wenn sie solchen Belästigungen oder Störungen ausgesetzt werden.

Dagegen sind die Festsetzungen über das *Maß* der baulichen Nutzung, die Bauweise und die bebaubaren Grundstücksflächen grundsätzlich nicht drittschützend. Sie lassen den Gebietscharakter in der Regel unberührt und haben nur Auswirkungen auf das Baugrundstück und die anschließenden Nachbargrundstücke.

Innenbereich
In Gebieten, für die kein Bebauungsplan gilt, also im so genannten nicht beplanten Innenbereich nach § 34 BauGB, gilt Nachbarschutz über das Rücksichtnahmegebot,

das aus § 34 BauGB hergeleitet wird. Zur Konkretisierung des Rücksichtnahmegebots hat die Rechtsprechung Fallgruppen gebildet:

- Immissionskonflikte in Bezug auf § 3 BImSchG
- erdrückende oder optisch bedrängende Wirkung
- Einsichtnahme bzw. Einblickmöglichkeit
- Verschattung, Belichtung, Besonnung und Belüftung (Konkretisierung durch Abstandsflächenrecht)
- Schikaneverbot

Bauordnungsrecht

Das Bauordnungsrecht dient zunächst dem Schutz der Allgemeinheit. Eine nachbarschützende Funktion einer bauordnungsrechtlichen Vorschrift kann aber gegeben sein, wenn sie zugleich den Interessen von zwei oder mehreren Grundstücken dient. Hier ist insbesondere das **Abstandsflächenrecht** von Bedeutung. Dieses ist zum Teil drittschützend ausgestaltet. Umgekehrt ermöglicht das Abstandsflächenrecht die Beurteilung, ob ein Verstoß gegen das Rücksichtnahmegebot vorliegt. Werden die Abstandsflächen eingehalten, geht man regelmäßig davon aus, dass das Bauvorhaben im Hinblick auf Belichtung und Belüftung nicht rücksichtslos ist.

> **Begriff**
>
> **Abstandsfläche.** Als Abstandsfläche gilt die grundsätzlich von jeder Bebauung freizuhaltende Fläche vor den Außenwänden von Gebäuden. Die Standfläche orientiert sich an der Gebäudehöhe und wird senkrecht zur jeweiligen Wand gemessen. Abstandsflächen müssen regelmäßig auf dem Baugrundstück liegen. Unter bestimmten Umständen können auch öffentliche Flächen einbezogen werden. Die Abstandsflächen dienen einer ausreichenden Belichtung und Belüftung des Gebäudes, dem Brandschutz sowie dem Schutz des Nachbarn vor Beengung und Einsicht. Geregelt sind die Abstandsflächen in den Landesbauordnungen.

Typischerweise drittschützend sind auch Regelungen, die den Brandschutz und den Schutz vor Immissionen betreffen.

3.3   Ausnahmen, Befreiungen, Abweichungen

Nach § 31 Abs. 2 BauGB kann unter bestimmten Voraussetzungen eine **Befreiung** von den Festsetzungen des Bebauungsplans erteilt werden. Da der Bebauungsplan auf diese Weise durchbrochen wird, sind die Voraussetzungen für eine Befreiung explizit geregelt. Die Erteilung einer Befreiung ist häufig durch den Nachbarn angreifbar. § 31 Abs. 2 BauGB gilt nur für Ausnahmen und Befreiungen von planungsrechtlichen Vorschriften.

Für entsprechende Abweichungen von bauordnungsrechtlichen Vorschriften sind die einschlägigen landesrechtlichen Regeln zu beachten, die häufig den Begriff der **Abweichung** verwenden. In Berlin regelt § 68 BauO Bln, in welchen Fällen eine Abweichung zulässig ist.

In beiden Fällen wird die Behörde häufig versuchen, sich bereits im Genehmigungsverfahren abzusichern. Befreiungen und Abweichungen werden dann nur mit der Maßgabe erteilt, dass der betroffene Nachbar dem zustimmt. Nachbarwidersprüche sind dann ausgeschlossen. Solche Vereinbarungen werden meist in **Nachbarvereinbarungen** getroffen, auf die später noch gesondert einzugehen sein wird.

3.4   Baulasten

Ein wichtiges Instrument zur Sicherung insbesondere bauordnungsrechtlicher Vorgaben ist die Baulast. Die Baulast ist deshalb auch im Baunachbarrecht von besonderer Relevanz. Ausgangspunkt ist häufig eine Situation, in der ein Bauvorhaben auf dem Baugrundstück selbst nicht im Einklang mit dem Baurecht errichtet werden kann. Es müssen deshalb ein oder auch mehrere andere Grundstücke in Anspruch genommen werden, um die Genehmigungsfähigkeit zu erreichen. Um diese Inanspruchnahme dauerhaft zu sichern, werden die betroffenen Nachbargrundstücke mit einer Baulast belastet.

Die Baulast stellt eine öffentlich-rechtliche Verpflichtung zu einem das Grundstück betreffenden Tun, Dulden oder Unterlassen dar. Sie wird durch den Grundstückseigentümer freiwillig gegenüber der Bauaufsichtsbehörde übernommen.

Beispiel

Die Abstandsfläche eines zu errichtenden Gebäudes würde auf das Nachbargrundstück fallen. Der betroffene Bereich des Nachbargrundstücks wird mit einer entsprechenden Baulast belegt und steht deshalb nicht mehr für eine Bebauung oder für andere Abstandsflächen zur Verfügung.

Die Baulast ist grundstücksbezogen und wird regelmäßig – aber nicht immer – für ein bestimmtes Bauvorhaben eingetragen. Durch die Eintragung entsteht ein Rechtsverhältnis zwischen dem Eigentümer des belasteten Grundstücks und der Behörde. An diesem Rechtsverhältnis ist das durch die Baulast begünstigte Grundstück bzw. der begünstigte Eigentümer zunächst nicht beteiligt.

Die Baulast ist von der **Dienstbarkeit** zu unterscheiden. Die Dienstbarkeit regelt zwar auch zu duldende Belastungen eines Grundstücks. Dies geschieht aber privatrechtlich und wird durch Eintragung in das jeweilige Grundbuch nach außen wirksam.

Beispiel

Ein Grundstück verfügt nicht über einen eigenen Zugang zu öffentlichem Straßenland. Zur dauerhaften Sicherung des für die Nutzung notwendigen Geh- und Fahrrechts über das Nachbargrundstück wird eine Dienstbarkeit eingetragen.

Häufig kann sich die Baulast für die Baubehörde, wenn sie zur Sicherung bauordnungsgemäßer Zustände eingesetzt wird, gegenüber der Dienstbarkeit als das geeignetere Mittel erweisen. Denn die Baulast kann nur durch die Behörde selbst wieder aufgehoben werden. Dies geschieht dann, wenn an der Baulast kein öffentliches Interesse mehr besteht. Auf das Fortbestehen einer privatrechtlich begründeten Dienstbarkeit hat die Baubehörde dagegen keinen Einfluss, solange sie nicht selbst begünstigt wird. Dienstbarkeiten können einvernehmlich aufgehoben werden oder z. B. im Falle einer Zwangsversteigerung entfallen.

Zwar sichern sich die Behörden in Bayern und Brandenburg – wo es das Institut der Baulast nicht (mehr) gibt – gegen das Risiko des Wegfalls meist dahin gehend ab, dass zusätzlich zur Grunddienstbarkeit noch eine beschränkte persönliche Dienstbarkeit zugunsten der Behörde eingetragen werden muss, die wiederum nur mit Zustimmung der Behörde aufgehoben werden kann. Allerdings bleibt die Behörde auch dann auf den Zivilrechtsweg verwiesen.

Mit Ausnahme Bayerns und Brandenburgs verfügen alle Bundesländer über das Instrument der Baulast. Maßgebliche Vorschriften sind insoweit:

- § 71 LBO Baden-Württemberg
- § 82 BauO Bln
- § 82 BremLBO
- § 79 HBauO
- § 75 HessBO
- § 83 LBau M-V
- § 92 NBauO
- § 83 BauONRW
- § 86 LBauO Rheinland-Pfalz
- § 83 LBO Saarland
- § 83 SächsBO

- § 82 BauO LSA
- § 80 LBO Schleswig-Holstein
- § 80 ThürBO

Voraussetzung für die Eintragung einer Baulast ist die Erklärung des Grundstückseigentümers. Gibt es mehrere Grundstückseigentümer, müssen alle die entsprechende Erklärung abgeben. Handelt es sich um eine Wohnungseigentümergemeinschaft, wird die Behörde, die das Baulastenverzeichnis führt, im Regelfall die Unterschrift bzw. die Zustimmung aller Wohnungseigentümer fordern. Ist das zu belastende Grundstück mit einem Erbbaurecht belastet, bedarf es auch der Zustimmung des Erbbauberechtigten.

Die Eintragung einer Baulast ist grundsätzlich nicht erzwingbar. Es handelt sich um eine freiwillige Erklärung. Allerdings kann sich die Verpflichtung zur Eintragung einer Baulast im Einzelfall aus dem Vorhandensein einer inhaltlich deckungsgleichen Grunddienstbarkeit ergeben. Dies kann nach der Rechtsprechung des Bundesgerichtshofs jedenfalls dann der Fall sein, wenn die Dienstbarkeit gerade zu dem Zweck bestellt wurde, eine bauliche Nutzung des Nachbargrundstücks zu ermöglichen. Die Verpflichtung zur Bewilligung der Baulast ist dann Nebenpflicht in dem durch die Dienstbarkeit begründeten Vertragsverhältnis.

Beispiel 1

Zugunsten des späteren Baugrundstücks wird ein Geh- und Fahrrecht als Dienstbarkeit bestellt, um die Bebauung des Grundstücks zu ermöglichen. Fordert die Behörde später im Rahmen des Genehmigungsverfahrens für diese Bebauung auch eine Baulast, kann dies durch den Nachbarn, der schon die Dienstbarkeit bestellt hat, – unter strengen Voraussetzungen – geschuldet sein.

Umgekehrt begründet die Baulast selbst noch nicht zwingend einen privatrechtlichen Anspruch eines Dritten auf eine entsprechende Nutzung.

Beispiel 2

Der Bauherr muss der Behörde Stellplätze nachweisen, damit sein Vorhaben genehmigt. wird. Dies geht nur auf dem Nachbargrundstück. Zur Sicherung wird eine Baulast eingetragen. Diese Baulast bedeutet aber nicht, dass der Bauherr die Stellplätze auf dem Nachbargrundstück auch zivilrechtlich – zum Beispiel durch Vermietung – selbst nutzen darf.

Aus dem Bestehen einer Baulast lässt sich auch nicht ein Anspruch auf Bestellung einer inhaltlich entsprechenden Grunddienstbarkeit ableiten. Denn es fehlt an einem gesetzlichen Schuldverhältnis. Der öffentlich-rechtliche Charakter der Baulast kann keine privatrechtlichen Haupt- und Nebenpflichten begründen. Auch hier gilt, dass die Baulast unbeschadet der Rechte Dritter eingetragen wird. Nach den meisten landesrechtlichen Regelungen wird die Baulast mit Eintragung in das sogenannte Baulastenverzeichnis wirksam. Das Baulastenverzeichnis wird bei der Unteren Bauaufsichtsbehörde geführt. Mit Eintragung entfaltet die Baulast dann auch Wirkung für und gegen Rechtsnachfolger der jeweiligen Eigentümer. Im Regelfall ist eine Baulast stets auf ein bestimmtes Bauvorhaben bezogen. Abweichend hiervon gilt die Vereinigungsbaulast für alle Gebäude und Nutzungen auf den durch die Vereinigungsbaulast verbundenen Flurstücken.

Typische Anwendungsbereiche der Baulast sind:

Geh-, Fahr- und Leitungsrechte
Die Bauordnungen der Länder sehen entsprechend der Vorgabe aus der durch die Bauministerkonferenz entwickelten Musterbauordnung *(MBO)* im Prinzip weitgehend gleichlautend vor, dass Gebäude nur errichtet werden dürfen, wenn das Grundstück in angemessener Breite an einer befahrbaren, öffentlichen Verkehrsfläche liegt oder wenn das Grundstück eine befahrbare, öffentlich-rechtlich gesicherte Zufahrt zu einer befahrbaren, öffentlichen Verkehrsfläche hat. Verfügt das zu bebauende Grundstück nicht über eine solche Zufahrt, wird die Baubehörde die Genehmigung regelmäßig von der Eintragung einer entsprechenden Baulast abhängig machen.

In Hamburg, Nordrhein-Westfalen und Rheinland-Pfalz ist in der jeweiligen Landesbauordnung auch die Sicherung der Erschließung mit Frisch- und Abwasserleitungen gefordert. Auch dies kann über eine Baulast geschehen.

Vereinigung von Grundstücken
Nach den Vorgaben der Musterbauordnung, die im Wesentlichen von den Landesbauordnungen unverändert übernommen wurden, ist ein Gebäude auf mehreren Grundstücken nur zulässig, wenn öffentlich-rechtlich gesichert ist, dass dadurch keine Verhältnisse eintreten können, die Vorschriften dieses Gesetzes oder aufgrund dieses Gesetzes widersprechen.

Relevant kann dies werden, wenn von vorneherein eine Überbauung vorliegt und an diesem Gebäude bauliche Änderungen geplant sind. Zudem kommt in Betracht, dass ein Grundstück nach Bebauung real geteilt werden soll. Wenn sich aber die ursprüngliche Baugenehmigung auf das Gesamtgrundstück bezog, muss gesichert sein, dass durch die Teilung keine baurechtswidrigen Zustände eintreten.

Hier kann eine **Vereinigungsbaulast** helfen. Es handelt sich um eine Fiktion, die besagt, dass zwei eigentlich getrennte Grundstücke aufgrund der Vereinigungsbaulast als ein Grundstück betrachtet werden. Diese Baulast wird immer an beiden Grundstücken eingetragen. Damit können auch abstandsflächen- und brandschutzrechtliche Problematiken gelöst werden. Es ermöglicht auch den Nachweis von Stellplätzen und Spielplätzen. Nicht abschließend geklärt ist, ob darüber auch die Einhaltung von Vorgaben zu Grund- und Geschossflächen gesteuert werden kann.

Abstandsflächen
Sehr häufig werden Baulasten erforderlich, wenn gerade im Innenstadtbereich die nach den Landesbauordnungen geforderten Abstandsflächen beim Ausbau von Dachgeschossen, dem Anbau von Balkonen und Aufzügen und der Aufstockung von Gebäuden nicht auf dem eigenen Grundstück gewahrt werden können.

Die Vorschriften zu Abstandsflächen haben drittschützende Funktion, weil damit die ordnungsgemäße Belichtung und Belüftung der Bebauung sichergestellt werden soll. Die Behörde achtet deshalb besonders genau auf die Einhaltung dieser Vorschriften. Anhand eines amtlichen Lageplans eines öffentlich bestellten Vermessers ist zunächst zu klären, in welchem Bereich Abstandsflächen auf das Nachbargrundstück fallen. Es ist dabei darauf zu achten, dass diese Flächen nicht selbst schon von Abstandsflächen der Nachbarbebauung in Anspruch genommen werden. Eine Überlappung bzw. Anrechnung ist nicht zulässig.

Tipp

Übernahme von Abstandsflächen. Wer mit dem Begehren auf Eintragung einer Baulast konfrontiert wird, sollte stets sorgfältig prüfen, ob die damit verbundenen Belastungen für sein Grundstück ihn nicht in der späteren Ausnutzung des Grundstücks einschränken. Werden z. B. Abstandsflächen auf das eigene Grundstück übernommen und durch Baulast gesichert, steht diese Fläche nicht mehr für eigene Abstandsflächen zur Verfügung, da Abstandsflächen auf die auf diesen Grundstücken erforderlichen Abstandsflächen nicht angerechnet werden dürfen.

Gewissermaßen ein Unterfall der Abstandsflächenbaulast kann die Flächenbaulast aus **Brandschutzgründen** sein. Wenn den Vorgaben der Bauordnung zu Brandwänden nicht entsprochen werden kann, muss auf dem Nachbargrundstück eine freie Fläche gesichert werden, auf der alle Maßnahmen unterbleiben müssen, die die Brandgefahr erhöhen können.

Die Nichteinhaltung von Abstandsflächen führt regelmäßig nicht nur zu öffentlich-rechtlichen, sondern auch zu zivilrechtlichen Abwehransprüchen des betroffenen Grundstücknachbarn. Das Abstandsflächenrecht entfaltet drittschützende Wirkung. Der Nachbar kann öffentlich-rechtlich gegen eine unter Verstoß gegen die Abstandsflächenvorschriften erteilte Baugenehmigung vorgehen. Gleichzeitig kann der Nachbar gegen den Bauherrn, der Abstandsflächen nicht einhält, auch zivilrechtlich auf Unterlassung und Beseitigung nach § 1004 BGB vorgehen, weil in der Nichteinhaltung der Abstandsflächen auch eine (zivilrechtliche) Störung des Eigentums liegt.

3.5   Widerspruchs- und Klageverfahren

Erhalten Sie für Ihr Vorhaben eine Baugenehmigung, kann ein Nachbar dagegen zunächst Widerspruch bei der Ausgangsbehörde einlegen. Im weiteren Verfahren wird dann durch die zuständige Behörde ein Widerspruchsbescheid erlassen, mit dem der Widerspruch entweder zurückgewiesen oder dem Widerspruch abgeholfen wird.

Der Widerspruch des Nachbarn hat grundsätzlich keine aufschiebende Wirkung. Sie können also das Bauvorhaben trotzdem fortsetzen. Die Behörde wird Sie eventuell darauf hinweisen, dass von nun an auf eigenes Risiko gebaut wird, weil infolge des Widerspruchs die Gefahr besteht, dass die Baugenehmigung nicht bestandskräftig oder sogar aufgehoben werden wird. Damit sollen Schadensersatzansprüche des Bauherrn verhindert werden, falls der Behörde ein Fehler im Genehmigungsverfahren zur Last fällt.

Der Nachbar muss beachten, dass der Widerspruch fristgebunden ist. Die Widerspruchsfrist beträgt einen Monat ab Zugang des Bescheids. Wird dem Nachbarn der Bescheid (die Baugenehmigung) nicht zugestellt, beträgt die Widerspruchsfrist ein Jahr, beginnend mit dem Zeitpunkt, ab dem der Nachbar die zumutbare Möglichkeit der Kenntnisnahme hat.

Tipp

Widerspruchsfrist. Für den Bauherrn lästig sein kann die Ungewissheit, ob Widersprüche gegen die Baugenehmigung erhoben werden. Ist mit Widersprüchen aufgrund von Befreiungen, Ausnahmen oder sonstigen Umständen zu rechnen, kann es sich empfehlen, die Behörde zu bitten, die Baugenehmigung dem Nachbarn förmlich zuzustellen. Dadurch wird die Monatsfrist in Gang gesetzt und es muss nicht ein Jahr abgewartet werden, ob der Nachbar Widerspruch einlegen wird.

Weist die Behörde den Widerspruch zurück, kann der betroffene Nachbar Anfechtungsklage beim Verwaltungsgericht erheben. Mit der Anfechtungsklage soll die Baugenehmigung beseitigt werden. Die erforderliche Klagebefugnis liegt vor, wenn der Nachbar die mögliche Verletzung nachbarrechtlicher Normen geltend machen kann.

Aus Sicht des Nachbarn ist zu beachten, dass weder Widerspruch noch Anfechtungsklage aufschiebende Wirkung haben. Der Bauherr kann also weiterbauen. Möchte der Nachbar dies verhindern, muss er **einstweiligen Rechtsschutz** in Anspruch nehmen. Er kann entweder bei der Behörde die Aussetzung der Vollziehung der Baugenehmigung oder bei dem zuständigen Verwaltungsgericht die Anordnung der aufschiebenden Wirkung seines Widerspruchs im Rahmen eines Eilverfahrens beantragen.

Mit dem Eilverfahren kann die Schaffung vollendeter Tatsachen durch den Bauherrn jedenfalls vorübergehend verhindert werden. Das verwaltungsgerichtliche Eilverfahren dauert zwar meist länger als ein Eilverfahren vor den ordentlichen Gerichten. Allerdings ist es für den Nachbarn auch mit weniger Risiken verbunden. Wenn der Eilantrag zunächst Erfolg hat und damit das Bauvorhaben gestoppt ist, in der Hauptsache aber die Rechtmäßigkeit der Baugenehmigung festgestellt wird, muss der Nachbar dem Bauherrn wegen der entstandenen Verzögerung keinen Schadensersatz leisten. Demgegenüber kann der Erlass einer einstweiligen Verfügung im Zivilrecht, die später aufgehoben wird, Schadensersatzansprüche auslösen.

Bei Versagung einer Genehmigung können Sie als Bauherr nach Durchführung des Widerspruchsverfahrens Verpflichtungsklage erheben. Mit der Verpflichtungsklage soll die Behörde durch das Verwaltungsgericht verurteilt werden, die beantragte Genehmigung zu erteilen. Eilrechtsschutz kommt bei der Verpflichtungsklage nicht in Betracht, da dies bereits die „Hauptsache" vorwegnehmen würde. Darunter versteht man, dass die Entscheidung im Eilverfahren nicht so weit gehen kann wie die Entscheidung in der Hauptsache. Dies wäre aber der Fall, wenn die Baugenehmigung bereits im Eilverfahren erteilt würde. Dann wäre die Hauptsache schon entschieden.

Privates Baunachbarrecht des BGB

4

4.1 Das System der §§ 903 ff. BGB

Das BGB stellt in § 903 Satz 1 BGB zunächst folgenden Grundsatz auf:
Der Eigentümer einer Sache kann, soweit nicht das Gesetz oder Rechte Dritter entgegenstehen, mit der Sache nach Belieben verfahren und andere von jeder Einwirkung ausschließen.

Unter den Begriff der Sache fallen auch Grundstücke. Für das Grundstücks- und damit auch das Nachbarrecht von zentraler Bedeutung ist dabei die Vorschrift des § 905 BGB.

> **Norm**
>
> **§ 905 BGB.** Das Recht des Eigentümers eines Grundstücks erstreckt sich auf den Raum über der Oberfläche und auf den Erdkörper unter der Oberfläche. Der Eigentümer kann jedoch Einwirkungen nicht verbieten, die in solcher Höhe oder Tiefe vorgenommen werden, dass er an der Ausschließung kein Interesse hat.

Gerade bei Bauvorhaben kommt es häufig auch zu Eingriffen in den Luftraum oder in das Erdreich unterhalb des Nachbargrundstücks. Typisch sind hier z. B. das Überschwenken mit einem Kranausleger, in den Luftraum hineinragende Gerüstbauteile oder im Erdreich das Setzen eines Verbaus mit Ankern oder einer Unterfangung. All dies kann der Nachbar grundsätzlich abwehren.

Dieses Abwehrrecht besteht indes nicht grenzenlos. Einschränkungen ergeben sich zunächst direkt aus dem BGB, aber auch aus Landesrecht.

© Springer Fachmedien Wiesbaden GmbH 2017
C. Pfisterer, *Nachbarrecht im Bauwesen,* essentials,
DOI 10.1007/978-3-658-16480-5_4

- Nach § 905 S. 2 BGB sind Abwehransprüche ausgeschlossen, wenn die Inanspruchnahme in solcher Höhe oder solcher Tiefe erfolgt, dass keine Beeinträchtigung der Interessen des Nachbarn denkbar ist.
- § 906 BGB regelt dann auch baubedingte Immissionsfragen und korrespondierende Duldungspflichten.
- § 909 BGB schreibt vor, dass ein Grundstück nicht so vertieft werden darf, dass der Boden des Nachbargrundstücks die erforderliche Stütze verliert.
- Das nachbarliche Gemeinschaftsverhältnis kann unter der Berücksichtigung von Treu und Glauben bestimmte Duldungspflichten auslösen.
- Weitere Einschränkungen ergeben sich aus den Nachbarrechtsgesetzen der Länder, die zum Beispiel die Inanspruchnahme des Grundstücks aufgrund eines Hammerschlags- und Leiterrechts ermöglichen.

Rechtsprechung

OLG Stuttgart, Urt. v. 02.12.1993 – 7 U 23/93. Beim Fehlen einer ausdrücklichen Regelung im Landesnachbarrecht ist die vorübergehende Grundstücksbefestigung durch Rückverankerung einer Bohrpfahlwand im Nachbargrundstück gemäß § 905 S. 2 BGB und nach den Grundsätzen des nachbarlichen Gemeinschaftsverhältnisses gegen Leistung eines angemessenen Ausgleichs dann zu dulden, wenn das geplante Vorhaben baurechtlich genehmigt ist und bei Beachtung der allgemein anerkannten Regeln der Baukunst eine wesentliche Gefährdung des Nachbargrundstücks ausgeschlossen werden kann, theoretisch denkbare kleinere Schäden dauerhaft saniert werden können, eine wesentliche merkantile Wertminderung des Nachbargrundstücks nicht eintritt und andererseits das Bauvorhaben überhaupt nicht oder nur mit größeren Gefahren oder unverhältnismäßig hohen Kosten durchgeführt werden kann.

Die vorstehende Entscheidung des OLG Stuttgart zeigt sehr anschaulich die Systematik des privaten Baunachbarrechts. Ausgangspunkt war ein Bauvorhaben in Hanglage, bei dem bergseitig einige Meter tief in das vorhandene Gelände eingegriffen wurde. Zur Sicherung des Hanges (und damit auch der Nachbargrundstücke) gegen ein Abrutschen sollte eine Bohrpfahlwand unterhalb der Nachbarhäuser verankert werden. Die Betonanker waren dabei ca. 13–16 m unterhalb der Bodenplatte der Häuser anzubringen. Der Nachbar lehnte den damit verbundenen Eingriff in sein Grundstück ab. Das Nachbarrecht Baden-Württemberg sieht für das Setzen von Ankern keinen gesonderten Duldungstatbestand zugunsten des Bauherrn vor. Der Bauherr hatte also zunächst keine Anspruchsgrundlage, um den Nachbarn auf Duldung zu verklagen. Das OLG

Stuttgart kam nach Anhörung von Sachverständigen gleichwohl zu dem Ergebnis, der Nachbar müsse die Anker – gegen eine finanzielle Entschädigung – dulden. Begründet wurde dies einerseits mit § 905 S. 2 BGB. Die Anker säßen so tief, dass der Nachbar nicht beeinträchtigt werde, weshalb er kein Interesse an der Ausschließung habe. Der Anspruch ergebe sich aber auch aus dem nachbarlichen Gemeinschaftsverhältnis, innerhalb dessen die jeweiligen Interessen der Nachbarn zu ermitteln und gegeneinander abzuwägen seien. Diese Abwägung nimmt das Gericht vor. Es würdigt, dass der Nachbar grundsätzlich jede Einwirkung ausschließen könne. Gleichzeitig bestehe aber nach dem Grundgesetz auch eine Sozialbindung des Eigentums. Ohne die Anker könnte das Baugrundstück nicht zweckmäßig bebaut werden. Wenn keine nennenswerte Beeinträchtigung zu erwarten sei, könne aufgrund dessen das Interesse des Nachbarn am Ausschluss fehlen.

4.2 Immissionsschutzrecht und § 906 BGB

Für das nachbarrechtliche Verhältnis von zentraler Bedeutung ist § 906 BGB. Ausgangspunkt ist die Erkenntnis, dass jede Grundstücksnutzung zu nachbarschaftlichen Konflikten führen kann, weil grundsätzlich jedem Grundstückseigentümer das Recht nach § 903 BGB zusteht, Einwirkungen auf sein Grundstück zu verbieten. Es muss deshalb ein Ausgleich gefunden werden, der jedem der Eigentümer eine angemessene Nutzung seines Grundstücks ermöglicht.

Das Gesetz sieht deshalb bestimmte Duldungspflichten vor. Diese differenzieren zunächst danach, ob es sich um eine wesentliche oder unwesentliche Beeinträchtigung handelt. Die Anforderungen an die Duldung wesentlicher Beeinträchtigungen sind dabei naturgemäß höher und mit einer Entschädigungspflicht verknüpft. Im Rahmen von Nachbarbauvorhaben entfaltet die Vorschrift besondere Relevanz für die Duldung von der Baustelle ausgehender Lärm- und Staubimmissionen durch den Nachbarn und die hierzu korrespondierende Entschädigungspflicht des Bauherrn zum Beispiel bei Mietminderungen.

Unter den Begriff der **Einwirkung** fallen Gase, Dämpfe, Gerüche, Rauch, Ruß, Wärme, Geräusch, Erschütterungen und ähnliche Einwirkungen. Baulärm fällt unter die Kategorie Geräusch. Baustaub wird aufgrund seiner Vergleichbarkeit mit Ruß zu den unwägbaren Stoffen gerechnet. Stets muss es sich um unwägbare Stoffe handeln. Die Zuführung fester oder flüssiger Stoffe führt im Regelfall nicht zur Anwendung des § 906 BGB. Die Einwirkungen müssen immer von einem anderen Grundstück ausgehen und das betroffene Grundstück in seiner Nutzung einschränken.

§ 906 BGB regelt dann zwei Duldungspflichten:

(1) Nach § 906 Abs. 1 BGB sind **unwesentliche** Beeinträchtigungen – entschä-
digungslos – zu dulden. Ob eine Beeinträchtigung unwesentlich ist, wird
anhand des Empfindens eines verständigen, durchschnittlichen Benutzers
des beeinträchtigten Grundstücks ermittelt.

Definition

Unwesentlichkeit. Gerade bei Beeinträchtigung durch Lärm oder Luftverun-
reinigungen ist die Beurteilung schwierig. Nach § 906 Abs. 1 S. 2 und 3 BGB
gilt deshalb, dass eine unwesentliche Beeinträchtigung dann vorliegt, wenn
die in Gesetzen, Rechtsverordnungen und Wartungsvorschriften enthaltenen
Grenzwerte eingehalten sind. Die *AVV Baulärm* konkretisiert für Geräuschim-
missionen von Baustellen (für die die TA Lärm nicht gilt) den unbestimmten
Rechtsbegriff der schädlichen Umwelteinwirkungen. Grenz- und Richtwerte
für Geräusche und Lärm sind unter anderem auch in der 32. Verordnung zur
Durchführung des Bundes-Immissionsschutzgesetzes *(Geräte- und Maschinenlärmschutzverordnung – 32. BImSchV)* enthalten. Dort sind „Betriebszei-
ten" für Maschinen geregelt. Bei Erschütterungen sind zu beachten die DIN
4150, die den Erschütterungsschutz im Bauwesen regelt, sowie VDI 2056 und
2057, die mechanische Schwingungen von Maschinen und die Auswirkungen
auf den Menschen regeln.

(2) Nach § 906 Abs. 2 Satz 1 BGB sind auch **wesentliche** Beeinträchtigungen zu dulden. Der Anwendungsbereich ist eröffnet, wenn eine nach § 906
Abs. 1 BGB vorliegende Einwirkung zu einer wesentlichen Beeinträchtigung führt. Dies ist dann der Fall, wenn die vorbezeichneten Grenzwerte
überschritten werden. Weitere Voraussetzungen sind, dass die wesentliche
Beeinträchtigung auf einer **ortsüblichen Benutzung** des Nachbargrundstücks beruht und nicht mit **wirtschaftlich zumutbaren Maßnahmen** verhindert werden kann. Baulärm ist gerade innerhalb von bebauten Ortsteilen
häufig üblich.

Hat der Eigentümer danach eine wesentliche Beeinträchtigung zu dulden, steht
ihm ein Anspruch auf Entschädigung zu. Er kann einen **angemessenen Ausgleich
in Geld** verlangen, wenn die Einwirkung eine ortsübliche Benutzung seines
Grundstücks oder dessen Ertrag über das zumutbare Maß hinaus beeinträchtigt.
     Kernproblem des § 906 BGB sind bei Baumaßnahmen auf dem Nachbargrund-
stück häufig Mietminderungen. Bauarbeiten stellen im Regelfall eine ortsübliche

Benutzung eines Grundstücks dar. Ein bestimmtes Maß an Baulärm wird sich – mit wirtschaftlich zumutbaren Maßnahmen – kaum verhindern lassen. Die Immissionen aus der Baustelle können die Mieter des Nachbarn berechtigen, die Miete zu mindern, weil der vertragsgemäße Gebrauch der Mietsache aufgrund der Immissionen nicht gewährleistet ist. Die Mietsache hat dann einen Mangel. Zu berücksichtigen ist die mitunter restriktive Rechtsprechung zu der Frage, ob der Mieter damit rechnen musste, dass Bauarbeiten in unmittelbarer Nähe stattfinden würden. Dann kann schon kein Minderungsrecht vorliegen, sodass es auch nicht zu Ansprüchen nach § 906 BGB kommt. Wird die Miete berechtigt gemindert, ist der Ertrag des Grundstücks beeinträchtigt. Auch hier ist aber zu beachten, dass der Bauherr den Mietausfall nicht 1:1 erstatten muss. Nur der über das zumutbare Maß hinausgehende Ertragsverlust ist zu erstatten. Dieses Maß wird in der Rechtsprechung teilweise mit 6 % bemessen. Minderungen in dieser Höhe können dem Nachbarn danach zumutbar sein und keinen Entschädigungsanspruch auslösen.

4.3 Vertiefung, Einsturz und sonstige Gefahren, §§ 907/908/909 BGB

Die Vorschriften regeln – unabhängig von konkreten Bauarbeiten – bestimmte Pflichten von Grundstückseigentümern. Jeder Eigentümer muss Vorsorge treffen, dass durch von seinem Grundstück ausgehende Gefahren, dort befindlichen Anlagen oder durchzuführenden Baumaßnahmen keine Schäden für Nachbargrundstücke entstehen. Für Bauarbeiten relevant werden kann vor allem die Vorschrift des § 909 BGB zur Vertiefung des Grundstücks.

Nach § 907 BGB kann der Eigentümer des Grundstücks verlangen, dass auf den Nachbargrundstücken nicht Anlagen hergestellt oder gehalten werden, von denen mit Sicherheit vorauszusehen ist, dass ihr Bestand und ihre Benutzung eine unzulässige Einwirkung auf sein Grundstück zur Folge haben. Die Vorschrift wirkt also vorbeugend, hat in der Praxis aber nur geringe Bedeutung.

Von größerer Bedeutung ist § 908 BGB. Besteht die Gefahr, dass aufgrund des Einsturzes eines Gebäudes auf dem Nachbargrundstück Schäden entstehen, kann – zivilrechtlich – verlangt werden, dass die zur Abwendung der Gefahr erforderlichen Vorkehrungen getroffen werden. Dies können z. B. Stützmaßnahmen sein. Droht der Einsturz eines Gebäudes, wird im Regelfall aber auch ein öffentlich-rechtlicher Anspruch auf Einschreiten der Behörde bestehen.

Ein Bauherr darf sein Grundstück nicht in der Weise vertiefen, dass der Boden des Nachbargrundstücks die erforderliche Stütze verliert, es sei denn, dass für eine

genügende anderweitige Befestigung gesorgt ist, § 909 BGB. Mit dieser Vorschrift
soll die Sicherheit der Nachbargrundstücke gewährleistet werden. **Vertiefung** ist
zunächst jede Reduzierung des Oberflächenniveaus eines Grundstücks. Sie kann
auch nur vorübergehend sein. Eine Vertiefung kann auch der Abbruch eines Kel-
lers sein. Der Abbruch eines oberirdischen Bauwerks, der dazu führt, dass das
angrenzende Grundstück seinen Halt verliert, kann einer Vertiefung des Grundstücks dagegen nicht gleichgesetzt werden. Hauptanwendungsfall ist der Aushub
von Baugruben. Der Stützverlust muss gerade auf der Vertiefung beruhen. Dabei
ist es egal, ob das Nachbarhaus auf ungünstigem Baugrund steht und seine Beeinträchtigung durch ein wenig tragfähiges Fundament oder eine besondere Scha-
densanfälligkeit begünstigt wird.

Rechtsprechung
Einbringen von Beton ins Erdreich. Die notwendigen Schutzvorkehrungen
gegen einen drohenden Stützverlust (§ 909 BGB) muss der Vertiefende auf
seinem eigenen Grundstück vornehmen. Er darf dazu grundsätzlich nicht in
das Eigentum des Nachbargrundstücks eingreifen (BGH, Urt. v. 17.06.1997- V
ZR 197/96).

Der Nachbar, dessen Grundstück die Stütze verlieren kann, ist also nicht zur Duldung von Schutzmaßnahmen verpflichtet. In dem vorstehenden Fall hatte der
Bauherr mehrere Kubikmeter Beton unter das Nachbargebäude gegossen, um dieses Gebäude zu stützen, während er Arbeiten auf seinem eigenen Grundstück aus-
führte. Dies war unzulässig. Der Bauherr hätte die Stützmaßnahmen auf seinem
eigenen Grundstück durchführen müssen, weshalb er dem Nachbarn Schadensersatz leisten musste. Ausnahmen können sich aus dem nachbarlichen Gemeinschaftsverhältnis oder aus spezifischen landesrechtlichen Duldungsansprüchen
ergeben.

Das Verbot des § 909 BGB, dem Nachbargrundstück die Stütze zu entziehen,
richtet sich nach der Rechtsprechung des Bundesgerichtshofs nicht nur gegen den
Eigentümer des Grundstücks, von dem die Störung ausgeht, sondern gegen jeden,
der an der Vertiefung mitwirkt, wie z. B. gegen den Architekten, den Bauunternehmer, den bauleitenden Ingenieur oder auch den Statiker, dessen Berechnungen
die Grundlage für den Bodenaushub und die dabei zu beachtenden Sicherungs-
maßnahmen bilden. Jeden der Beteiligten trifft eine eigenverantwortliche Prü-
fungspflicht. Wenn sein Beitrag an einer eingetretenen Vertiefung pflichtwidrig
und schuldhaft ist, kann er auf Schadensersatz haften.

4.4 Überbau und Wärmedämmung

§ 912 BGB regelt eine weitere Duldungspflicht des Nachbarn. Hat der Eigentümer des Grundstücks bei der Errichtung eines Gebäudes über die Grenze gebaut, muss der Nachbar diesen Überbau dulden. Dies gilt nicht, wenn der Eigentümer grob fahrlässig oder vorsätzlich gehandelt oder der Nachbar vor oder sofort nach der Grenzüberschreitung Widerspruch erhoben hat. Sinn und Zweck der Vorschrift ist es, nicht ohne Not wirtschaftliche Werte in Form von Gebäudesubstanz zu zerstören. Wenn danach der Überbau zu dulden ist, hat der Eigentümer des überbauten Grundstücks Anspruch auf eine Entschädigung in Form einer Rente.

Für Neubauvorhaben stellt sich diese Problematik meistens nicht, da anhand eines amtlichen Lageplans die Grundstücksgrenzen zuverlässig bestimmt werden können. Bei der Sanierung oder dem Ausbau von Gebäudebestand stellt sich aber mitunter heraus, dass historisch bedingt Überbausituationen vorliegen. Dann ist zu berücksichtigen, dass sich an den Eigentumsverhältnissen der Grundstücke zwar nichts ändert. Der überbaute Gebäudeteil steht aber abweichend von § 94 BGB im Eigentum des Stammgrundstücks. Dessen Eigentümer ist bei etwaigen Maßnahmen, die diesen Gebäudeteil betreffen, deshalb einzubeziehen.

Die Vorschrift des § 912 BGB hat besondere Relevanz im Zusammenhang mit der Wärmedämmung von Gebäuden erhalten. Soweit ein Gebäude typischerweise grenzständig gebaut ist, die Außenmauer also mit der Grundstücksgrenze bündig ist, wäre es nicht möglich, nachträglich eine Wärmedämmung anzubringen. Denn der damit verbundene Überbau wäre nicht bei der Errichtung erfolgt. Der Nachbar könnte widersprechen, sodass keine Duldungspflicht entstünde. Um dieses Hindernis bei der energetischen Modernisierung von Bestandsgebäuden zu beseitigen, haben die Landesgesetzgeber deshalb in den Nachbarrechtsgesetzen Regelungen aufgenommen, wonach ein Überbau durch Wärmedämmung zu dulden ist.

Norm

§ 16a NachbG Bln. Wärmeschutzüberbau der Grenzwand

(1) Der Eigentümer eines Grundstücks hat die Überbauung seines Grundstücks für Zwecke der Wärmedämmung zu dulden, wenn das zu dämmende Gebäude auf dem Nachbargrundstück bereits besteht.

(2) Im Falle des Wärmeschutzüberbaus ist der duldungsverpflichtete Nachbar berechtigt, die Beseitigung des Überbaus zu verlangen, wenn und soweit er selbst zulässigerweise an die Grenzwand anbauen will.

(3) Der Begünstigte des Wärmeschutzüberbaus muss die Wärmedämmung in
      einem ordnungsgemäßen und funktionsgerechten Zustand erhalten. Er ist
      zur baulichen Unterhaltung der wärmegedämmten Grenzwand verpflichtet.
(4) § 17 Absatz 3 gilt entsprechend.
(5) § 912 Absatz 2 des Bürgerlichen Gesetzbuches gilt entsprechend.

Voraussetzung ist, dass das Bauvorhaben öffentlich-rechtlich zulässig ist. Für die
Geldausgleichspflicht wird auf die Regelung in §§ 912 Abs. 2 BGB verwiesen.

4.5   Das nachbarliche Gemeinschaftsverhältnis

Über die Regelungen des BGB hinaus hat die Rechtsprechung des Bundesgerichtshofs das Rechtsinstitut des nachbarlichen Gemeinschaftsverhältnisses,
mitunter auch als nachbarrechtliches oder nachbarschaftliches Gemeinschaftsverhältnis bezeichnet, entwickelt. Der Gedanke beruht auf dem allgemeinen
Grundsatz von Treu und Glauben, der in § 242 BGB geregelt ist und auch für
Grundstücksnachbarn gilt. Aus dem nachbarrechtlichen Gemeinschaftsverhältnis kann sich zum Beispiel die Pflicht zur Ankündigung von Abrissarbeiten an
einer das Grundstück des Nachbarn stützenden Mauer ergeben, die so rechtzei-
tig erfolgen muss, dass sie den Grundstücksnachbarn in die Lage versetzt, vorher
eigene Stützungsmaßnahmen zu treffen. In Einzelfällen können sich aus diesem
Rechtsinstitut weitergehende, das Eigentum weiter einschränkende Duldungspflichten ergeben. Dabei ist aber immer zu berücksichtigen, dass im BGB und in
den Nachbarrechtsgesetzen der Länder (dazu sogleich) bereits konkrete Regelungen zum Verhältnis zwischen Grundstücksnachbarn enthalten sind (die wiederum
aus dem nachbarlichen Gemeinschaftsverhältnis entwickelt wurden). Soweit eine
konkrete Regelung existiert, hat diese Vorrang. Ein Rückgriff auf das nachbarliche Gemeinschaftsverhältnis scheidet aus. Die Anwendung der dazu entwickelten
Grundsätze kommt nur dann in Betracht, wenn es zwingend geboten erscheint.

Rechtsprechung
Duldung einer Abwasserleitung. Ein nachbarliches Gemeinschaftsverhältnis kann auch durch spätere Parzellierung eines bebauten Gesamtgrundstücks
entstehen, durch die vorhandene Gebäude rechtlich von ihrer bisherigen
Abwasserentsorgung abgeschnitten werden. Das nachbarliche Gemeinschaftsverhältnis kann in einem solchen Fall auch dann zur weiteren Duldung der
Abwasserdurchleitung verpflichten, wenn das begünstigte Grundstück nicht an
das belastete angrenzt (BGH, Urt. vom 31.01.2003 – V ZR 143/02).

Die Berufung auf das nachbarliche Gemeinschaftsverhältnis zur Durchsetzung etwaiger Ansprüche im Rahmen eines Bauvorhabens kann also stets nur „letztes Mittel" sein. Immer ist vorher zu prüfen, ob nicht konkrete gesetzliche Regelungen, sei es im BGB oder im Nachbarrecht der Länder, den Sachverhalt abschließend regeln.

Nachbarrechtsgesetze der Länder

5

5.1 Einordnung

Einschränkungen des Eigentums durch Gesetz ergeben sich neben den besprochenen Bestimmungen in den §§ 905 ff. BGB und dem nachbarlichen Gemeinschaftsverhältnis aus den Nachbarrechtsgesetzen der Bundesländer. Diese Einschränkungen geben gleichzeitig dem Bauherrn den notwendigen Spielraum, um ein Bauvorhaben durchführen zu können, das die Inanspruchnahme eines oder mehrerer Nachbargrundstücke erfordert. Da die Gesetzgebung insoweit Ländersache ist, muss im Einzelfall für jedes Bauvorhaben geprüft werden, welches Nachbarrechtsgesetz anwendbar ist. Ein „Musternachbarrechtsgesetz", vergleichbar der Musterbauordnung, gibt es nicht. Die landesrechtlichen Regelungen befassen sich zwar meist mit denselben Sachverhalten. Nicht alle Nachbarrechtsgesetze haben aber zu allen Sachverhalten auch Regelungen entwickelt. Zudem unterscheiden sich die Regelungen im Einzelnen teilweise erheblich.

> **Hinweis**
>
> **Berliner Nachbarrecht.** Im Rahmen dieses *essentials* werden die Grundlagen überwiegend anhand des Nachbarrechtsgesetzes Berlin (NachbG Bln) dargestellt. Das Brandenburger Nachbarrecht enthält ähnliche Regelungen.

Zum generellen Regelungsgehalt der Nachbargesetze gehören Fragen der grenzständigen Bebauung in Form von Grenzwänden oder Nachbarwänden. Ein wichtiger Bestandteil mancher Nachbarrechtsgesetze ist das sogenannte Hammerschlags- und Leiterrecht, das für Bauvorhaben eine große Rolle spielt. Darunter versteht man die Befugnis, das Grundstück des Nachbarn für die Durchführung

© Springer Fachmedien Wiesbaden GmbH 2017
C. Pfisterer, *Nachbarrecht im Bauwesen,* essentials,
DOI 10.1007/978-3-658-16480-5_5

von Bauarbeiten in Anspruch nehmen zu dürfen. Von geringerer Relevanz sind Regelungen zur Einfriedung von Grundstücken und zu Grenzabständen von Pflanzen.

Nachbarrechtsgesetze gibt es derzeit in den folgenden Bundesländern. Soweit im Internet Gesetzestexte frei verfügbar sind, finden Sie die Verlinkung im Anhang.

- Baden-Württemberg
- Bayern
- Berlin
- Brandenburg
- Hessen
- Niedersachsen
- Nordrhein-Westfalen
- Rheinland-Pfalz
- Saarland
- Sachsen
- Sachsen-Anhalt (hier heißt es Nachbarschaftsgesetz)
- Schleswig-Holstein
- Thüringen

5.2   Nachbarwand und Grenzwand

Die Nachbarrechtsgesetze regeln teilweise sehr detailliert, wie zu verfahren ist, wenn bis an die Grundstücksgrenze – oder darüber hinaus – gebaut wurde oder werden soll. Dabei wird zwischen der Nachbarwand und der Grenzwand unterschieden. Sinn und Zweck der Regelungen ist das Ermöglichen grenzständiger Bebauung. Der Bauherr kann die Nachbar- oder Grenzwand unter bestimmten Voraussetzungen mitbenutzen, damit eine angemessene Ausnutzung des eigenen Grundstücks gelingt.

Im Berliner Nachbarrechtsgesetz finden sich detaillierte Vorgaben für die Anzeige, die Vergütung im Fall des Anbaus, das Vorgehen bei Nichtbenutzung und Abriss eines der Bauwerke, bei Erhöhung oder Verstärkung der Nachbarwand und etwaige Schadensersatzansprüche.

Besonders wichtig sind die Vorschriften zur Ankündigung und zum Verfahren. Denn diese gelten nicht nur für Bauvorhaben in Verbindung mit der Nachbarwand, sondern auch für andere nachbarrechtliche Belange.

Definition

Nachbarwand. Nachbarwand ist die auf der Grenze zweier Grundstücke errichtete Wand, die den auf diesen Grundstücken errichteten oder zu errichtenden Bauwerken als Abschlusswand, als Unterstützung oder Aussteifung zu dienen bestimmt ist.

Grenzwand. Grenzwand ist die unmittelbar an der Grenze zum Nachbargrundstück auf dem Grundstück des Erbauers errichtete Wand.

Anbau. Unter Anbau versteht man die Mitbenutzung der Wand als Abschlusswand oder zur Unterstützung oder Aussteifung des neuen Bauwerks.

Vereinfacht ausgedrückt: Die Nachbarwand steht *auf* der Grenze, die Grenzwand *an* der Grenze.

Nachbarwand

Hat man es bei einem Bauvorhaben mit einer Nachbarwand zu tun, wird diese stets auch eine Grenzeinrichtung im Sinne der §§ 921, 922 BGB darstellen, die den rechtlichen Rahmen abbilden, der durch das Landesnachbarecht konkretisiert wird.

Norm

§ 921 BGB. Werden zwei Grundstücke durch einen Zwischenraum, Rain, Winkel, einen Graben, eine Mauer, Hecke, Planke oder eine andere Einrichtung, die zum Vorteil beider Grundstücke dient, voneinander geschieden, so wird vermutet, dass die Eigentümer der Grundstücke zur Benutzung der Einrichtung gemeinschaftlich berechtigt seien, sofern nicht äußere Merkmale darauf hinweisen, dass die Einrichtung einem der Nachbarn allein gehört.

§ 922 BGB. Sind die Nachbarn zur Benutzung einer der in § 921 bezeichneten Einrichtungen gemeinschaftlich berechtigt, so kann jeder sie zu dem Zwecke, der sich aus ihrer Beschaffenheit ergibt, insoweit benutzen, als nicht die Mitbenutzung des anderen beeinträchtigt wird. Die Unterhaltungskosten sind von den Nachbarn zu gleichen Teilen zu tragen. Solange einer der Nachbarn an dem Fortbestand der Einrichtung ein Interesse hat, darf sie nicht ohne seine Zustimmung beseitigt oder geändert werden. Im Übrigen bestimmt sich das Rechtsverhältnis zwischen den Nachbarn nach den Vorschriften über die Gemeinschaft.

Nach Berliner Landesrecht gilt dazu:

Eine Nachbarwand darf neu nur errichtet werden, wenn beide Nachbarn zustimmen.

Für die Baupraxis relevanter ist der Fall, dass an die Nachbarwand angebaut und ggf. zuvor ein Gebäudeteil abgerissen werden soll. Der Anbau ist grundsätzlich zulässig. Voraussetzung ist eine Ankündigung, auf deren Anforderungen noch gesondert eingegangen wird, da die Ankündigung auch für andere Rechte von Bedeutung ist.

Im Regelfall ist für die Mitbenutzung der Nachbarwand eine Vergütung zu zahlen, wenn der Anbauende von der Nachbarwand profitiert und sich so eine eigene Wand „spart". Die Vergütung hängt vom Umfang der Mitbenutzung ab.

Bei Abriss eines der durch eine Nachbarwand verbundenen Bauwerke muss der durch den Abriss entstehende Schaden beseitigt und die Nachbarwand in einen für eine Außenwand geeigneten Zustand versetzt werden.

Jeder Grundstückseigentümer darf die Nachbarwand in voller Dicke auf seine Kosten erhöhen, wenn das andere Grundstück dadurch nicht mehr als geringfügig beeinträchtigt wird.

Setzt der Anbau eine tiefere Gründung der Nachbarwand voraus, darf die Nachbarwand unterfangen oder der Boden im Bereich der Gründung verfestigt werden. Auf diesen besonders praxisrelevanten Anspruch und seine Voraussetzungen wird gesondert eingegangen.

Tipp

Grenzverlauf bestimmen. Bevor etwaige nachbarliche Ansprüche geprüft und durchgesetzt werden, sollte stets aufgrund eines amtlichen Lageplans eines Vermessers aktuell festgestellt werden, wo die Grundstücksgrenzen tatsächlich verlaufen. Dies ist Voraussetzung für die Beurteilung, ob man es mit einer Nachbar- oder einer Grenzwand zu tun hat. Hier täuschen die tatsächlichen Verhältnisse vor Ort mitunter über die eigentlichen Grundstücksgrenzen.

Grenzwand

Eine Grenzwand ist keine Grenzeinrichtung im Sinne der §§ 921, 922 BGB. Auch im Landesnachbarrecht ist die Regelungstiefe geringer. Das Bauvorhaben ist anzukündigen. Handelt es sich um die „erste" Grenzwand, kann der Nachbar verlangen, dass diese – gegen Kostenerstattung – so gegründet wird, dass bei Errichtung der „zweiten" Grenzwand zusätzliche Baumaßnahmen vermieden werden. Wer die „zweite" Grenzwand errichtet, muss die entstehende Fuge ausfüllen und verschließen; er ist berechtigt, eine Abdeckung herzustellen.

Auch bei der Grenzwand ist es möglich, die andere Grenzwand zu unterfangen, die Einzelheiten werden nachfolgend dargestellt.

5.3 Unterfangung

Wer innerstädtisch in die Lücke baut, muss sich zwingend mit der Bebauung auf den Nachbargrundstücken auseinandersetzen. Häufig handelt es sich dabei um grenzständig gebaute Altbauten. Soll der Neubau z. B. eine Tiefgarage oder ein voll ausgebautes Kellergeschoss erhalten, kommt es zu technischen Konflikten mit der Statik des Nachbargebäudes. Bereits das Ausheben der Baugrube kann zu erheblichen Setzungen des Baugrundes unter dem Nachbargebäude führen.

Hier greift zunächst die Regelung des § 909 BGB, wonach ein Grundstück nicht so vertieft werden darf, dass dem Nachbarbauwerk die erforderliche Stütze entzogen wird.

Mit solchen Setzungen sind häufig Schäden am Bauwerk verbunden, zum Beispiel Risse im Mauerwerk. Dementsprechend ist das Nachbargebäude vor solchen Schäden zu schützen bzw. das Ausmaß solcher Schäden, sofern sie unvermeidlich sind, zu begrenzen.

Für die Stabilisierung des Untergrundes unter dem Nachbargebäude kommen verschiedene Verfahren in Betracht. Diese werden im allgemeinen Sprachgebrauch häufig als Unterfangungsmaßnahmen bezeichnet, auch wenn es sich im Einzelnen um ganz unterschiedliche technische Herangehensweisen handelt. Die insoweit einschlägige DIN 4123 spricht bezüglich der Unterfangung vom Umsetzen der Fundamentlast eines flach gegründeten Bauwerkes von der bisherigen Gründungsebene auf ein neues Fundament in einer tieferen Gründungsebene.

Von Hand unterfangen werden kann, wenn der entsprechende Teilbereich unter dem Fundament des Nachbargebäudes abschnittsweise freigelegt und z. B. durch Mauerwerk verlängert oder verstärkt wird. In der Praxis häufiger ist das – teilweise als HDI-Verfahren oder auch als Düsenstrahlinjektionsverfahren bezeichnete – Einspritzen einer zementhaltigen Suspension. Der anstehende Boden wird dabei mit dieser Suspension vermischt und bildet einen Betonkörper, der dann praktisch das bestehende Fundament verlängert bzw. ein neues Fundament für das Bestandsgebäude schafft.

Die damit verbundene Inanspruchnahme des Grundstücks des Nachbarn kann dieser nach § 903 BGB ohne weiteres untersagen, da das Eigentumsrecht auch unterhalb der Oberfläche gilt. Da die vollständige Versagung aber nicht im Interesse einer angemessenen Bautätigkeit und des Schutzes der bestehenden Gebäude wäre, kommen nachbarrechtliche Duldungsansprüche zum Tragen, die die Unterfangung ermöglichen können:

Norm

§ 6 Abs. 2 NachbG Bln. Setzt der Anbau eine tiefere Gründung der Nachbarwand voraus, so darf die Nachbarwand unterfangen oder der Boden im Bereich der Gründung der Nachbarwand verfestigt werden, wenn

1. es nach den allgemein anerkannten Regeln der Baukunst unumgänglich ist oder nur mit unzumutbar hohen Kosten vermieden werden könnte,
2. nur geringfügige Beeinträchtigungen des zuerst errichteten Bauwerks zu besorgen sind,
3. das Bauvorhaben öffentlich-rechtlich zulässig ist

Für die Unterfangung einer Grenzwand trifft § 16 Abs. 3 NachbG Bln eine entsprechende Regelung, indem auf § 6 Abs. 2 NachbG Bln verwiesen wird:

Zu den Voraussetzungen:

Notwendigkeit (Ziffer 1)

Es kommt auf die konkrete Baumaßnahme an. Die Sicherung der Standsicherheit des Nachbargebäudes muss dazu erforderlich sein. Hierfür wird regelmäßig ein Bodengutachten einzuholen sein. Alternativ reicht es aus, wenn die tiefere Gründung auf andere Weise nur mit unzumutbar hohen Kosten durchgeführt werden könnte. Unzumutbare Kosten sind solche, die ein verständiger Durchschnittsbetrachter vernünftigerweise nicht hinnehmen würde. Technisch ist es mitunter durchaus denkbar, die Standfestigkeit eines Nachbargebäudes auch auf andere Weise zu gewährleisten. Diese anderen Kosten müssen dann mit denen verglichen werden, die für die Unterfangung z. B. durch ein Düsenstrahlinjektionsverfahren entstehen. Dieser Vergleich ist durch die Brille des Durchschnittsbetrachters zu sehen.

Keine schwerwiegende Beeinträchtigung (Ziffer 2)

Es dürfen nur geringfügige Beeinträchtigungen des zuerst errichteten Bauwerks zu besorgen sein. Auch hier kommt es auf die Sicht des verständigen Durchschnittsbetrachters an. Kleinere Putzrisse können insoweit (zunächst) zu dulden sein. Die praktische Schwierigkeit liegt in der Prognose dessen, was durch die Maßnahme möglicherweise an Beeinträchtigungen auftreten wird. Hier wird ggf. auch das Gutachten eines Fachplaners für Tiefbau einzuholen sein.

Bauvorhaben ist öffentlich-rechtlich zulässig (Ziffer 3)
Die öffentlich-rechtliche Zulässigkeit lässt sich regelmäßig durch eine Baugenehmigung nachweisen. Dabei müssen sowohl das Bauvorhaben selbst als auch die konkrete Unterfangungsmaßnahme öffentlich-rechtlich zulässig sein. Hintergrund ist, dass der Nachbar nicht dulden muss, was nicht zulässig ist. Dies wäre eine sinnlose Inanspruchnahme seines Grundstücks. Wird für das Vorhaben keine Baugenehmigung erteilt (Genehmigungsfreistellungsverfahren) müssen die Voraussetzungen der öffentlich-rechtlichen Zulässigkeit auf andere Weise nachgewiesen werden. Zu beachten ist, dass regelmäßig auch die Zulässigkeit der Unterfangungsmaßnahme selbst durch eine Baugenehmigung nachzuweisen ist, wenn sie nicht schon Bestandteil der eigentlichen Baugenehmigung ist.

> **Hinweis**
>
> **Haftung und Entschädigung.** Unabhängig von der Frage der Duldung sind entsprechende Schäden auch dann zu beseitigen, wenn sie schuldlos verursacht wurden. Die DIN 4123 schreibt vor, dass Arbeiten nur von erfahrenen Firmen ausgeführt werden dürfen und der Überwachung bedürfen. Die Überwachungspflicht kann wegen der Schadensträchtigkeit der Arbeiten die ständige Anwesenheit des Architekten auf der Baustelle erforderlich machen.

Zu beachten ist, dass andere Maßnahmen als eine Unterfangung durch § 6 Abs. 2 NachbG Bln nicht gedeckt werden. Das Setzen z. B. von Ankern kann also nicht über diese Vorschrift durchgesetzt werden. Es sehen auch nicht alle Nachbarrechtsgesetze eine Unterfangung vor. Dann muss auf allgemeine Grundsätze wie das nachbarliche Gemeinschaftsverhältnis zurückgegriffen werden.

Schäden, die bei der Unterfangungsmaßnahme dem Eigentümer oder dem Nutzungsberechtigten des anderen Grundstücks entstehen, sind auch ohne Verschulden zu ersetzen.

Wichtig: Auf Verlangen des Nachbarn ist durch den Bauherrn **Sicherheit** in Höhe des voraussichtlichen Schadens zu leisten; das Recht darf dann erst nach Leistung der Sicherheit ausgeübt werden. Die Unterfangung darf also trotz rechtzeitiger Ankündigung nicht ausgeführt werden, bevor nicht die Sicherheit erbracht ist. Der Anspruch auf Sicherheit dürfte auch bestehen, wenn der Bauherr eine Haftpflichtversicherung nachweist. Für die Art der Sicherheitsleistung gelten die §§ 232 ff. BGB. In Betracht kommt eine Hinterlegung eines bestimmten Geldbetrags oder die Stellung einer Bürgschaft. Der Bauherr sollte sich entsprechend vorbereiten, damit bei einem etwaigen Sicherungsverlangen kein zusätzlicher Zeitverlust entsteht.

5.4   Hammerschlags- und Leiterrecht

Das Hammerschlags- und Leiterrecht findet Anwendung bei Baumaßnahmen, die nur vom Grundstück des Nachbarn aus durchgeführt werden können oder für die zumindest eine teilweise Inanspruchnahme des Nachbargrundstücks erforderlich ist:

Norm

§ 17 NachbG Bln.

(1) Der Eigentümer und der Nutzungsberechtigte eines Grundstücks müssen dulden, dass ihr Grundstück einschließlich der Bauwerke von dem Nachbarn zur Vorbereitung und Durchführung von Bau-, Instandsetzungs- und Unterhaltungsarbeiten auf dem Nachbargrundstück vorübergehend betreten und benutzt wird, wenn und soweit

1. die Arbeiten anders nicht oder nur mit unverhältnismäßig hohen Kosten durchgeführt werden können,
2. die mit der Duldung verbundenen Nachteile oder Belästigungen nicht außer Verhältnis zu dem von dem Berechtigten erstrebten Vorteil stehen,
3. das Vorhaben öffentlich-rechtlich zulässig ist.

(2) Das Recht zur Benutzung umfasst die Befugnis, auf oder über dem Grundstück Gerüste und Geräte aufzustellen sowie die zu den Arbeiten erforderlichen Baustoffe über das Grundstück zu bringen.

(3) Das Recht ist so zügig und schonend wie möglich auszuüben. Es darf nicht zur Unzeit geltend gemacht werden.

(4) …

Auch das Hammerschlagsrecht soll Bautätigkeit auf Nachbargrundstücken in wirtschaftlich angemessenen Bedingungen ermöglichen. Gleichwohl ist darauf zu achten, dass das Eigentumsrecht nur unter strengen Voraussetzungen eingeschränkt werden darf. Insoweit ist die Vorschrift stets eng auszulegen.

Vom Hammerschlagsrecht gedeckt sind Arbeiten zur Herstellung und zum Abriss eines Gebäudes, Instandsetzungs- und Unterhaltungsarbeiten. Erlaubt ist das dazu erforderliche Betreten und Benutzen des Grundstücks.

Generell ist das Recht so schonend wie möglich auszuüben. Die Voraussetzungen sind denen der Unterfangung vergleichbar. Es muss effektiv unmöglich sein, die Arbeiten anders auszuführen. Reine Zweckmäßigkeit genügt nicht. Alternativ kommt der Anspruch bei ansonsten unverhältnismäßigen Kosten in Betracht.

Auch das Maß der Belästigung für den Nachbarn ist einzubeziehen. Wenn die Beeinträchtigung nur geringfügig ist, bedarf es keines besonders großen Missverhältnisses zwischen den Kosten der Maßnahme ohne Inanspruchnahme und den Kosten der Maßnahme mit der Inanspruchnahme des Grundstücks. Dabei ist aber auch zu berücksichtigen, dass auch ein Bauvorhaben, das nicht die Grenze überschreitet, zu Beeinträchtigungen führen kann.

Das Bauvorhaben muss öffentlich-rechtlich zulässig sein. Auch hier gilt, dass die Inanspruchnahme ansonsten „sinnlos" wäre.

Das Hammerschlagsrecht wird durch das Leiterrecht ergänzt. Die Benutzungsbefugnis umfasst auch das Recht, Gerüst und Geräte aufzustellen sowie die zu den Arbeiten erforderlichen Baustoffe über das Grundstück zu bringen.

Für die Inanspruchnahme öffentlicher Verkehrsflächen gilt § 17 NachbG Bln nicht; hier bedarf es dann einer Erlaubnis zur Sondernutzung des Straßenlandes, die sich nach öffentlich-rechtlichen Vorschriften richtet.

Das Vorhaben und die Inanspruchnahme sind mit einer Frist von einem Monat anzuzeigen. Dem in Anspruch genommenen Nachbarn kann, abhängig vom Grad der Inanspruchnahme – eine Entschädigung zustehen. Schäden sind zu beseitigen; auf Verlangen ist vor der Ausübung des Rechts Sicherheit zu leisten.

Wer ein Grundstück in Ausübung des Hammerschlags- und Leiterrechts gemäß § 17 NachbG Bln benutzt, hat nach § 18 NachbG Bln für die Zeit der Benutzung eine **Nutzungsentschädigung** in Höhe der ortsüblichen Miete für die benutzten Bauwerksteile oder für einen dem benutzten unbebauten Grundstücksteil vergleichbaren Lagerplatz zu zahlen. Eine Benutzung unbebauter Grundstücksteile bis zur Dauer von zwei Wochen bleibt außer Betracht. Die Nutzungsentschädigung ist jeweils zum Ende eines Kalendermonats fällig.

5.5 Kran

Im Innenstadtbereich wird es bei Einsatz eines Turmdrehkrans regelmäßig dazu kommen, dass der Luftraum von Nachbargrundstücken überschwenkt werden muss. Auch der Luftraum ist durch das Eigentumsrecht geschützt, weshalb Abwehrrechte des betroffenen Nachbarn in Betracht kommen.

Bei der Prüfung ist zunächst zu klären, ob das Überschwenken in einer solchen Höhe erfolgt, dass der Eigentümer an einer Ausschließung der Beeinträchtigung nach § 905 S. 2 BGB kein Interesse mehr haben kann.

Regelmäßig und vorsorglich sollte aber stets von einer Beeinträchtigung ausgegangen werden, sodass auch das Überschwenken mit einem Kran wie ein Unterfall der Ausübung des Hammerschlags- und Leiterrechts zu bewerten ist, dessen Voraussetzungen – insbesondere die Ankündigung – vorliegen müssen. Es wird im Hinblick auf eine möglichst schonende Ausübung des Rechts häufig nur ein Überschwenken ohne Lasten zu dulden sein.

5.6 Ankündigung

Die Ankündigung der Inanspruchnahme ist wesentlicher Bestandteil vieler im Nachbarrechtsgesetz geregelter Duldungspflichten. Anzukündigen sind Maßnahmen an Nachbar- und Grenzwand, insbesondere die Unterfangung und die Ausübung des Hammerschlags- und Leiterrechts. Durch die Ankündigung und die daran geknüpfte Monatsfrist soll der betroffene Nachbar in die Lage versetzt werden, die Baumaßnahme einschließlich der Inanspruchnahme auf ihre Rechtmäßigkeit hin zu prüfen und ggf. Einwendungen zu erheben.

Adressat der Ankündigung nach § 7 Abs. 1 NachbG Bln ist zunächst der Eigentümer des Nachbargrundstücks. Häufig übersehen wird, dass nach dieser Vorschrift die Ankündigung auch gegenüber dem unmittelbaren Besitzer erfolgen muss, wenn dieser in seinem Besitz berührt ist. Insoweit kann es durchaus in Betracht kommen, dass z. B. die Aufstellung eines Gerüsts auch sämtlichen Mietern des Gebäudes angezeigt werden muss. Handelt es sich um eine Wohnungseigentümergemeinschaft (WEG), sollte die Ankündigung auf jeden Fall auch gegenüber dem Verwalter erfolgen.

> **Tipp**
>
> **Grundbuch.** Bestehen Zweifel über die Person des Eigentümers, sollte eine Anfrage beim Grundbuchamt durchgeführt werden. Gegenüber dem Grundbuchamt ist das berechtigte Interesse nachzuweisen, das in der Durchführung der Bauarbeiten stets gegeben sein dürfte.

Die Ankündigung muss **schriftlich** erfolgen, eine E-Mail reicht nicht aus.

Zum **Inhalt** der Ankündigung gehören nach der Rechtsprechung des Bundesgerichtshofs zum Hammerschlags- und Leiterrecht Angaben zu dem voraussichtlichen Umfang der geplanten Arbeiten, zu deren Beginn und Dauer sowie zu Art und Umfang der Benutzung des Nachbargrundstücks.

Bei der **Unterfangung** muss der Bauherr auch zu den Voraussetzungen des § 6 Abs. 2 NachbG Bln vortragen, also mitteilen, dass die Baumaßnahme entweder nicht oder nur zu unverhältnismäßig hohen Kosten durchgeführt werden kann, nur geringfügige Beeinträchtigungen zu besorgen sind und das Bauvorhaben öffentlich-rechtlich zulässig ist. Der Ankündigung sollten also entsprechende Ausführungen der Fachplaner für Tiefbau und ggf. auch die Baugenehmigungen beigefügt werden.

Bei der Ausübung des **Hammerschlags- und Leiterrechts** muss der Bauherr darauf achten, zu den Einzelheiten des Vorhabens vorzutragen. Insbesondere muss für den Nachbarn erkennbar werden, ob es sich um Bau-, Instandsetzungs- oder Unterhaltungsarbeiten handelt, dass die Arbeiten anders nicht oder nur zu unverhältnismäßigen Kosten durchgeführt werden können und keine erheblichen Nachteile für den Nachbarn entstehen. Der Bundesgerichtshof stellt hier besonders strenge Anforderungen. Da der Nachbar durch die Anzeige in die Lage versetzt werden soll, sich auf die geplanten Arbeiten einzustellen, ist es erforderlich, sowohl den Beginn der Arbeiten nach Tag und Uhrzeit anzugeben als auch den voraussichtlichen Umfang der Arbeiten so genau wie möglich zu umreißen, also die Maßnahme konkret zu beschreiben. Da der Verpflichtete sich auch darauf einstellen können muss, in welchem Umfang er sein Grundstück freizuhalten hat, sind Art und Umfang der beabsichtigten Grundstücksnutzung ebenfalls anzugeben. Schließlich sind Angaben zu der voraussichtlichen Dauer der Arbeiten notwendig.

Die **Frist** ab Zugang der Anzeige beträgt – in Berlin – einen Monat. Da es auf den Zugang ankommt, sollte der Bauherr für den Streitfall auf einen Zugangsnachweis achten. Sicherster Weg ist die Zustellung über den Gerichtsvollzieher; es kommen aber auch andere Möglichkeiten – z. B. Bote als Zeuge – in Betracht.

Erst nach Ablauf der Frist darf mit den Arbeiten bzw. der Inanspruchnahme des Grundstücks begonnen werden.

Die Anzeige ist Voraussetzung für die Ausübung des Rechts, nicht aber Bedingung des Duldungsanspruchs. Erklärt sich der Nachbar nicht, darf der Bauherr das Nachbargrundstück für die Durchführung der Arbeiten betreten und nutzen. Wird die Inanspruchnahme verweigert, muss der Bauherr die Duldung gerichtlich durchsetzen.

5.7 Klageverfahren

Auch wenn die Voraussetzungen der Inanspruchnahme eines Nachbargrundstücks im Einzelfall vorliegen, kann der Bauherr das Grundstück nicht in Anspruch nehmen, wenn der Nachbar widerspricht. Der Nachbar muss auf Zustimmung verklagt werden. Ein Selbsthilferecht kommt nur in Betracht, wenn ein Notstand vorliegt, was bei Bauarbeiten regelmäßig nicht der Fall sein wird.

Aus Sicht des Bauherrn ist dies misslich, weil ein Klageverfahren einen Zeitraum von häufig nicht unter einem Jahr in Anspruch nehmen wird und damit den gesamten Zeitplan des Bauvorhabens infrage stellt.

Der Anspruch auf Duldung kann auch nicht im Wege einer einstweiligen Verfügung durchgesetzt werden, weil dies regelmäßig die Vorwegnahme der Hauptsache bedeuten würde. Das Verbot der Vorwegnahme der Hauptsache bedeutet, dass mit der einstweiligen Verfügung noch nicht der Zustand erreicht werden darf, der mit einer Entscheidung der Sache im Hauptverfahren eintreten würde. Wenn aber bereits mit der einstweiligen Verfügung das Betreten des Grundstücks oder das Einbringen eines Unterfangungskörpers durchgesetzt wird, bleibt für die Hauptsache nichts mehr „übrig". In solchen Fällen ist deshalb kein Eilrechtsschutz gegeben.

Dagegen kann sich der Nachbar im einstweiligen Rechtsschutz zur Wehr setzen, wenn der Bauherr sein Grundstück in Anspruch nimmt, obwohl es an einer der Voraussetzungen fehlt. Dies kann bereits der Fall sein, wenn die Anzeige nicht den formalen Anforderungen entspricht oder die Arbeiten auch auf andere Weise ausgeführt werden könnten.

Der Nachbar sollte aber stets sorgfältig abwägen, ob er einstweiligen Rechtsschutz in Anspruch nimmt. Wird eine einstweilige Verfügung, mit der die Bauarbeiten gestoppt werden, später aufgehoben, weil die Voraussetzungen der Inanspruchnahme des Nachbargrundstücks von Anfang an vorlagen, kann dies Schadensersatzansprüche auslösen. Hierin liegt ein wichtiger Unterschied zum öffentlich-rechtlichen Nachbarrecht. Dort entstehen für den Bauherrn keine Ersatzansprüche gegen den Nachbarn, wenn dessen einstweilige Verfügung im Ergebnis keinen Erfolg hat.

Sollen andere Einwendungen – zum Beispiel Verstöße gegen das Abstandsflächenrecht – geltend gemacht werden, kann ein zivilrechtliches Eilverfahren dagegen dem verwaltungsgerichtlichen Verfahren überlegen sein, weil es meist schneller geht und direkt gegen den Nachbarn und nicht gegen die Behörde gerichtet ist.

Die Nachbarvereinbarung 6

6.1 Grundlagen

Es ist deutlich geworden, dass die Durchführung eines Bauvorhabens bei Inanspruchnahme eines Nachbargrundstücks mit erheblichen rechtlichen Risiken verknüpft ist.

- Zunächst besteht ein **Zeitrisiko,** sollte sich der Nachbar bestehenden Duldungsansprüchen nicht ohne weiteres beugen, so dass diese gerichtlich durchgesetzt werden müssten.
- Es besteht häufig ein **Genehmigungsrisiko,** wenn die Baugenehmigung auch nachbarschützende Regelungen berührt.
- Das **Kostenrisiko** liegt darin, dass entweder ein Grundstück nicht wie vorgesehen ausgenutzt werden kann oder eine möglicherweise teurere Gründung vorgenommen werden muss. Wenn diese Dinge nicht von Anfang an beachtet werden, kann es zu Umplanungen mit den damit verbundenen Mehrkosten der planenden und ausführenden Baubeteiligten kommen.

Um diese Risiken zu bewältigen, empfiehlt es sich deshalb, mit dem Nachbarn anlässlich der Baumaßnahme eine Vereinbarung zu schließen, in der nach Möglichkeit alle potenziell streitigen Punkte geklärt werden und so freie Bahn für das Bauvorhaben geschaffen wird. Dies gilt auch dann, wenn man als Bauherr meint, das Recht auf seiner Seite zu haben und den Nachbarn nicht zu brauchen.

© Springer Fachmedien Wiesbaden GmbH 2017
C. Pfisterer, *Nachbarrecht im Bauwesen,* essentials,
DOI 10.1007/978-3-658-16480-5_6

Tipp

Strategie. Je früher die Gespräche mit den betroffenen Nachbarn gesucht werden, desto eher und auch günstiger kann eine Vereinbarung geschlossen werden. Mitunter sorgt sich der Nachbar nur um die Substanz seines Gebäudes. Hier sollten Sie detailliert erläutern, welche Eingriffe vorgenommen werden und welche möglichen Schäden entstehen können. Wird das „Risiko Nachbar" zu spät gesehen und ist zu diesem Zeitpunkt das Vorhaben bereits begonnen, kann dies die Verhandlungen deutlich erschweren. Der Nachbar wird möglicherweise erkennen, dass der Bauherr unter Zeitdruck steht, weil z. B. schon das Gerät für die Tiefbauarbeiten bestellt ist und Zugeständnisse von höheren Gegenleistungen abhängig machen. Zu berücksichtigen ist auch, dass eine Entscheidungsfindung abhängig von der rechtlichen Struktur des Nachbarn – zum Beispiel bei einem größeren Unternehmen – mehr Zeit in Anspruch nehmen kann.

6.2   Parteien und Grundstücke, Präambel

Die Frage nach den Parteien einer Nachbarvereinbarung erscheint zunächst banal. Dies sollten im Prinzip immer die jeweiligen Grundstückseigentümer sein. Allerdings sind Grundstückseigentümer und Bauherr nicht immer identisch. Dies kann damit zusammenhängen, dass der Bauherr eine Unternehmensgruppe ist, die sich zur Realisierung des Bauvorhabens einer extra hierfür gegründeten Objektgesellschaft bedient. Teilweise übernehmen auch Bauunternehmen als Generalübernehmer oder Generalunternehmer für den investierenden Grundstückseigentümer die gesamte Abwicklung des Bauvorhabens und verpflichten sich insoweit auch, entsprechende Vereinbarungen mit Nachbarn zu schließen.

Für diese Fälle ist zu klären, ob Bauherr und Grundstückseigentümer identisch sind und wer die Nachbarvereinbarung schließen soll, sollte dies nicht der Fall sein. Der Generalübernehmer kann in Vollmacht für den Grundstückseigentümer handeln, eine Vereinbarung aber auch in eigenem Namen abschließen und sich selbst verpflichten.

Handelt es sich bei dem betroffenen Nachbarn um eine Wohnungseigentümergemeinschaft (WEG), kann dies die Verhandlungen erschweren, da zwar mit dem Verwalter verhandelt wird, dieser aber unterschiedliche Meinungen innerhalb der WEG berücksichtigen muss. Außer in Bagatellfällen wird der Verwalter – der die WEG beim Abschluss der Vereinbarung vertritt – seine Unterschrift von einem entsprechenden Beschluss der Wohnungseigentümergemeinschaft abhängig machen. Abhängig vom Inhalt der Nachbarvereinbarung können zudem bestimmte Anforderungen an die Mehrheit des Beschlusses bis hin zur Einstimmigkeit gegeben sein, etwa wenn eine bauliche Veränderung durch die Nachbarvereinbarung entsteht. Unter Umständen ist abzuwarten, ob der Beschluss angefochten wird. Da ordentliche WEG-Versammlungen grundsätzlich nur einmal jährlich stattfinden, bedarf gerade die Nachbarvereinbarung mit einer WEG eines besonders vorausschauenden Tätigwerdens.

Die Bezeichnung der Grundstücke sollte an sich keine Schwierigkeiten bereiten. Auch hier ist aber Sorgfalt geboten, wenn es um die Bestellung von Dienstbarkeiten oder Baulasten geht.

Tipp

Register. Es empfiehlt sich, stets aktuelle Grundbuch- und Handelsregisterauszüge zu beschaffen, damit Angaben überprüfbar sind.

Es ist sinnvoll, in einer Vorbemerkung oder Präambel zur Vereinbarung das Bauvorhaben etwas näher zu beschreiben und gegebenenfalls weitere Umstände zu benennen, die zum Abschluss der Vereinbarung geführt haben. Dies kann später bei der Auslegung der Vereinbarung helfen, sollte es zu Unklarheiten gekommen sein.

6.3 Zustimmung

Da es die für den Bauherrn wichtigste Erklärung ist, steht die Zustimmung zum Bauvorhaben häufig am Anfang der Vereinbarung. Die Zustimmung kann unterschiedlichen Umfangs sein. Sie kann sich einerseits auf einen konkreten Bauantrag oder sogar nur auf eine bestimmte Abweichung oder Ausnahme der Behörde beziehen. Sie kann aber auch alle öffentlich-rechtlichen und zivilrechtlichen Aspekte erfassen.

Aus Sicht des Bauherrn ist es sinnvoll, die Zustimmung nicht zu eng zu fassen und auch auf etwaige Nachträge zu erstrecken, soweit diese sich ungefähr im Rahmen dessen halten, was Gegenstand des Bauantrags oder der Baugenehmigung ist.

Die Zustimmung sollte in der Vereinbarung ihrem Wortlaut nach auch gegenüber der Behörde abgegeben werden. Darüber hinaus ist es sinnvoll, Lagepläne oder sonstige Pläne als Anlage zur Vereinbarung zu nehmen und entsprechend mit abzeichnen zu lassen. Denn mitunter haben die Parteien kein besonderes Interesse daran, den gesamten Inhalt der Nachbarvereinbarung zum Bestandteil der Bauakte zu machen. Für die Behörde wird es häufig ausreichen, dass ihr durch den betroffenen Nachbarn mit einer Zustimmung abgezeichnete Pläne vorgelegt werden. Dies ist im Vorfeld mit der Behörde abzustimmen.

Soweit bereits Rechtsbehelfe gegen Baugenehmigungen eingelegt wurden, sind diese – mit Wirkung gegenüber der Behörde – zurückzunehmen oder auf diese zu verzichten.

Da der jeweilige Rechtsschutz grundsätzlich parallel verläuft, sollte neben der Zustimmung in öffentlich-rechtlicher Hinsicht auch eine Zustimmung privatrechtlicher Natur gegeben werden. Auch hier wäre auf etwaige Rechtsbehelfe zu verzichten oder diese wären zurückzunehmen.

6.4   Bauarbeiten/Baustelleneinrichtung

Der betroffene Nachbar hat ein großes Interesse daran, möglichst konkret zu regeln, wann und in welcher Weise die Bauarbeiten durchgeführt werden. Dies betrifft zunächst den zeitlichen Ablauf, aber auch die Frage, zu welchen Tageszeiten die Baustelle betrieben wird und ob z. B. am Samstag gearbeitet wird.

Wichtig sind auch die Baustelleneinrichtung und die Zuwegung. Hier besteht grundsätzlich keine Mitwirkungspflicht des Nachbarn. Möglicherweise soll aber ein Teil des Nachbargrundstücks für die Baustelleneinrichtung in Anspruch genommen oder die Nutzung des Straßenlandes geklärt werden. Gerade der Auf- und Abbau eines Krans können mit erheblichen Einschränkungen für den Verkehr verbunden sein, weshalb sich eine Regelung empfiehlt.

Ist mit besonderem Lärm zu rechnen oder das betroffene Nachbargrundstück oder dessen Nutzung in besonderer Weise lärmsensibel, können gegebenenfalls gesteigerte Anforderungen an das einzusetzende Gerät gestellt werden. So wird z. B. der Betreiber eines Tonstudios darauf achten wollen, dass besonders lärmintensive Arbeiten nicht gerade dann stattfinden, wenn er Aufnahmen produzieren will. Hier stellt sich dann auch die Frage der Feststellung von Beeinträchtigungen durch Schallmessungen.

6.5   Unterfangung/Tiefbauarbeiten

Die Art und Weise der Unterfangung oder einer sonstigen Erdbaumaßnahme wie z. B. die Verankerung von Baugrubenstützwänden im Erdreich des Nachbargrundstücks sollten anhand einer Baubeschreibung definiert werden. Soweit bereits vorliegend, sollten die jeweiligen Genehmigungen zum Bestandteil der Vereinbarung gemacht werden.

Wenn diese Unterlagen noch nicht verfügbar sind, kann es sich aus Sicht des Nachbarn anbieten, die Zustimmung zur Unterfangung unter die aufschiebende Bedingung zu stellen, dass diese Unterlagen nachgereicht werden.

Zu regeln ist auch, ob bestimmte Bauteile dauerhaft auf bzw. im Grundstück des Nachbarn verbleiben oder zurückgebaut werden und wer möglicherweise Kosten zu tragen hat, wenn der Nachbar später selbst sein Grundstück bebaut. Sollen oder müssen bestimmte Bauteile dauerhaft auf dem Grundstück des Nachbarn verbleiben, kommt eine dingliche Sicherung im Grundbuch in Form einer Dienstbarkeit in Betracht.

6.6 Wärmedämmung

Hat die Nachbarvereinbarung eine Wärmedämmung zum Gegenstand, mit der das Grundstück des Nachbarn teilweise überbaut wird, ist zunächst die Art und Weise der Wärmedämmung einschließlich etwaiger Angaben zu Material und Ausführung zu regeln. Häufig wird der Nachbar auch ein Mitspracherecht bezüglich der Gestaltung der Fassade, insbesondere Farbe und Putzausführung, einfordern.

Für die Inanspruchnahme des Grundstücks ist nach § 912 BGB eine Rente geschuldet. In der Praxis wird diese Rente häufig in Form einer Einmalzahlung abgegolten. Hier kommt in Betracht, den Verzicht auf die Rente im Grundbuch eintragen zu lassen. Ist eine spätere Bebauung des Nachbargrundstücks vorgesehen, sollte eine Kostenregelung bezüglich des Rückbaus der Wärmedämmung getroffen werden.

6.7 Baulasten/Dienstbarkeiten

Da es sich jeweils um Erklärungen handelt, die besonderen Formvorschriften unterliegen, ist besondere Sorgfalt geboten.

Baulasten

Es ist zweckmäßig, den Inhalt zu vereinbarender Baulasten bereits vorher mit der zuständigen Behörde abzustimmen, damit es nicht später bei der Eintragung zu Problemen kommt. Die meisten Behörden halten auch Formulare für die verschiedenen Arten von Baulasten bereit. Dementsprechend können die Formulare ausgefüllt, mit der Behörde abgestimmt und sodann als Anlage zur Vereinbarung genommen werden.

Soweit die Unterzeichnung der Baulasterklärungen bei der Baubehörde aufgrund der Vertretungsverhältnisse oder räumlicher Entfernung nicht praktikabel erscheint, empfiehlt es sich, die Vereinbarung nebst Anlagen durch einen Notar beglaubigen zu lassen.

Dienstbarkeiten

Zur Eintragung der Grunddienstbarkeiten beim Grundbuchamt bedarf es der notariellen Beglaubigung. Auch hier erscheint es deshalb zweckmäßig, die gesamte Nachbarvereinbarung beglaubigen zu lassen. Ansonsten sollten die Bewilligungserklärungen ebenfalls als Anlage zur Vereinbarung genommen werden. Bei komplexeren Dienstbarkeiten, die Hindernisse im Genehmigungsverfahren ausräumen sollen, bietet es sich an, dies über den Notar direkt mit dem Grundbuchamt vorabzustimmen, um Probleme bei der Eintragung zu vermeiden.

Da für die Eintragung von Dienstbarkeiten Kosten anfallen, ist zu regeln, wer diese trägt.

6.8   Beweissicherung

Bestandteil jeder Nachbarvereinbarung sollte eine Regelung zur Beweissicherung sein:

- Wer wird als Gutachter bestellt?
- Wann und wie oft sollen die Begehungen zur Beweissicherung stattfinden?
- Welche Bauteile sollen begangen werden?
- In welcher Form werden die Beweissicherungsgutachten erstellt?
- Wer trägt die Kosten der Beweissicherung?
- Welche Bindungswirkungen sollen die Gutachten haben?

Gerade bei einer Unterfangung oder anderen Tiefbauarbeiten werden der Erstbegehung häufig mehrere Begehungen folgen, etwa unmittelbar nach Durchführung der Maßnahme, dann nach Errichtung des Rohbaus und möglicherweise noch einmal nach Gesamtfertigstellung. Dies ist von den Erfordernissen des jeweiligen Bauvorhabens abhängig zu machen.

Die Parteien sollten überlegen, ob sie die Feststellungen des Beweissicherungsgutachtens als für sich bindend anerkennen. Dies führt dazu, dass in einem späteren Streit nicht mehr erneut über das Vorhandensein bestimmter Bauschäden und deren Ursächlichkeit gestritten werden müsste. Es ist aber für beide Seiten sorgfältig abzuwägen, wie weit solche Bindungen gehen sollen. Hier kommen Schnittstellenprobleme mit der Haftung der planenden und ausführenden Baubeteiligten und einer etwaigen Haftpflichtversicherung in Betracht. Zumindest eine Vermutung im Rechtssinn, dass festgestellte Schäden auf der Baumaßnahme beruhen, ist aber üblich.

Sinnvoll kann es sein, den Sachverständigen auch gleich damit zu beauftragen, bei etwaigen Schäden die Ursache, Beseitigungskosten und ggf. eine eintretende Wertminderung festzustellen.

Es ist sicherzustellen, dass die Abstimmung mit den Mietern erfolgen kann, wenn auch Wohnungen von innen besichtigt werden sollen. Zuletzt sollte bereits vor Abschluss der Vereinbarung natürlich auch mit dem Gutachter selbst gesprochen werden, ob dieser bereit und zeitlich in der Lage ist, die entsprechenden Begehungen durchzuführen.

6.9   Versicherung/Sicherheitsleistung

Versicherung

Es ist im Rahmen eines jeden Bauvorhabens sowohl für den Bauherrn als auch für den Nachbarn von zentraler Bedeutung, dass die Arbeiten nur bei Bestehen eines ausreichenden Versicherungsschutzes durchgeführt werden. Insbesondere bei Tiefbauarbeiten sind Schäden an umstehenden Gebäuden praktisch nicht auszuschließen, auch wenn die Arbeiten entsprechend den Regeln der Technik ausgeführt werden. Kommt es dann noch zu Fehlern in der Ausführung, summieren sich die Schäden schnell. Jedem Bauherrn ist deshalb dringend anzuraten, eine angemessene Bauherrenhaftpflichtversicherung abzuschließen, die gegebenenfalls direkt auf das konkrete Projekt ausgerichtet wird.

Der Nachweis des Versicherungsschutzes sollte nach Möglichkeit bereits der Nachbarvereinbarung beigefügt werden. Liegt die Police im Zeitpunkt des Abschlusses der Vereinbarung noch nicht vor, sollte aus Sicht des Nachbarn der Nachweis der Versicherung zur aufschiebenden Bedingung für das Wirksamwerden der Vereinbarung gemacht werden. Dies gilt jedenfalls dann, wenn die Vereinbarung schadensträchtige Bauarbeiten wie z. B. eine Unterfangung auf dem Nachbargrundstück zum Gegenstand hat. Die Police muss sowohl das streitige Bauvorhaben als auch den Zeitraum abdecken. Da der Versicherungsschutz von der Zahlung des Versicherungsbeitrags abhängt, sollte ein entsprechender Nachweis vorgelegt werden.

Der Bauherr (und auch der Nachbar) sollte prüfen, ob und welche Schäden der Versicherungsschutz abdeckt. Manche Versicherungen enthalten Ausschlussklauseln für bestimmte Risiken im Zusammenhang mit Tiefbauarbeiten am Nachbargrundstück. Darüber hinaus empfiehlt es sich, gegebenenfalls auch den Versicherungsschutz der ausführenden Unternehmen einzubeziehen.

Sicherheitsleistung
Unabhängig von der Versicherung kann eine Sicherheitsleistung vereinbart werden.

Einige Nachbarrechtsgesetze sehen vor, dass bestimmte Duldungspflichten (zum Beispiel eine Unterfangung) von der – vorherigen – Stellung einer Sicherheit abhängen. Da das Gesetz nicht vorgibt, in welcher Weise und Höhe die Sicherheit zu leisten ist, bietet sich eine einvernehmliche Regelung – einschließlich der Rückgabemodalitäten – an.

Die Sicherheit bietet aus Sicht des Nachbarn einen weiteren Vorteil. Er muss sich im Streitfall nicht zusätzlich mit etwaigen Einwendungen der Versicherung gegenüber dem Bauherrn befassen. Auch die Bauherrenhaftpflichtversicherung gibt keinen Direktanspruch des Geschädigten gegen die Versicherung. Der Nachbar müsste sich also erst mit dem Bauherrn auseinandersetzen. Welche rechtlichen Beschränkungen im Innenverhältnis zwischen der Versicherung und dem Bauherrn bestehen können, ist dem Nachbar indes nicht bekannt.

Auf die Sicherheitsleistung kann der Nachbar – abhängig von der Gestaltung – aber an sich direkt zugreifen. Insbesondere dürfte hier – anders als im VOB/B-Bauvertrag – eine Bürgschaft auf erstes Anfordern zulässig sein.

Wird eine Sicherheitsleistung vereinbart, sollte geregelt werden, welche Ansprüche diese Sicherheitsleistung abdeckt. Neben dem reinen Gebäudeschaden kommen z. B. auch Zahlungsansprüche aus Mietausfall oder sonstige Aufwendungen im Zusammenhang mit der Schadensbeseitigung in Betracht.

Soll keine Sicherheitsleistung vereinbart werden, empfiehlt sich eine ausdrückliche Klarstellung dieses Verzichts.

6.10 Kompensation

Teilweise sehen schon die Nachbarrechtsgesetze der Länder eine Art Nutzungsentschädigung für die Inanspruchnahme des Nachbargrundstücks vor. So regelt z. B. § 18 NachbG Bln eine Nutzungsentschädigung bei Ausübung des Hammerschlags- und Leiterrechts. Für den Fall des Überbaus z. B. mit einer

Wärmedämmung sieht § 912 BGB eine Rente zugunsten des belasteten Grundstücks vor. In der Praxis wird die Rente häufig mit einer Einmalzahlung abgegolten, die sich am Bodenrichtwert der betroffenen Fläche orientiert. Darüber
hinaus sind der Fantasie für Kompensationsleistungen kaum Grenzen gesetzt.
Es ist denkbar, für das Verbleiben von Unterfangungskörpern oder Ankern eine
Entschädigung zu vereinbaren. Die Rücknahme öffentlich-rechtlicher Rechtsbehelfe kann finanziell abgegolten werden. Es kommen auch Sachleistungen wie
die Nutzung von Stellplätzen oder die Durchführung bestimmter Bauleistungen
in Betracht. Pauschaliert und finanziell abgegolten werden häufig auch die mit
der Nachbarvereinbarung selbst verbundenen Verwaltungskosten und etwaiger
zusätzlicher Verwaltungsaufwand im Rahmen des Bauvorhabens.

6.11 Mietausfall

Es empfiehlt sich, die Frage etwaiger Mietminderungen in einer Nachbarvereinbarung abschließend zu regeln. Hier kommt es zunächst darauf an, ob und in welcher Form das betroffene Nachbargrundstück vermietet ist. Handelt es sich um
ein Ein- oder Mehrfamilienhaus? Sind Geschäftsräume oder ein Hotel betroffen?
Besonderer Regelungsaufwand besteht, wenn es sich um eine Wohnungseigentümergemeinschaft handelt, weil dann der Vertragspartner der Nachbarvereinbarung
die WEG ist, während von etwaigen Mietminderungen die einzelnen Sondereigentümer betroffen sind. Hier ist aus Sicht des Bauherrn darauf zu achten, dass
die WEG an sich nicht über Vermögensansprüche der Sondereigentümer entschei-
den kann, weshalb es regelmäßig erforderlich sein wird, dass alle Sondereigentümer zum Abschluss der Vereinbarung bevollmächtigt haben.
 Bezüglich der Mietminderung selbst gibt es im Prinzip zwei Modelle:
 Entweder wird vereinbart, dass der Bauherr dem jeweiligen vermietenden
Nachbarn die Mietausfälle auf Nachweis erstattet. Dann muss geklärt werden,
wer gegebenenfalls unberechtigte Mietminderungen abwehren muss – auch
im Rahmen eines Prozesses. Aus Sicht des Nachbarn kann es unerfreulich sein,
zunächst den eigenen Mieter auf Zahlung verklagen zu müssen, bevor er Ansprüche gegen den Bauherrn geltend machen kann. Gleichermaßen gilt dies, wenn der
Vermieter seine Ansprüche an den Bauherrn abtritt, der dann die Mieter auf Zahlung in Anspruch nimmt, wenn diese unberechtigt mindern. Der Regelungsbedarf
ist hoch.
 Demgegenüber steht das Modell einer Pauschalierung. Die Parteien vereinbaren
– ungeachtet konkreter Minderung – einen festen Betrag für die Dauer der Bauarbeiten. Die Höhe der Entschädigung kann dabei anhand des voraussichtlichen

Bauablaufplans den voraussichtlichen Beeinträchtigungen, die im Laufe des Bauvorhabens unterschiedlich sein werden, angepasst werden. Der Bauherr trägt dann das Risiko, dass er möglicherweise mehr bezahlt, als er bezahlen müsste, wenn nur die berechtigte Mietminderung unter Berücksichtigung von § 906 BGB geltend gemacht würde. Der Nachbar trägt das Risiko, dass sein Mieter eine höhere Minderung durchsetzen kann, als er selbst vom Bauherrn erhält. Nicht selten dürfte diesem Modell aufgrund der leichteren Abwicklung gleichwohl der Vorzug zu geben sein.

6.12   Rechtsnachfolge

Mitunter verstreicht ein nicht unerheblicher Zeitraum zwischen Abschluss der Vereinbarung und Umsetzung des Bauvorhabens. Rein schuldrechtliche – also nicht im Grundbuch des Grundstücks eingetragene – Erklärungen binden einen Rechtsnachfolger eines Grundstücks grundsätzlich nicht. Schließt also eine Partei eine Nachbarvereinbarung und veräußert anschließend das Grundstück, treffen den Rechtsnachfolger am Grundstück grundsätzlich keinerlei Verpflichtungen aus dieser Vereinbarung. Nur wenige Verpflichtungen aus einer Nachbarvereinbarung sind aber im Grundbuch eintragungsfähig. Es ist auch denkbar, bestimmte Erklärungen als unmittelbar gegenüber Dritten – wie z. B. einem Rechtsnachfolger – wirkend auszugestalten. Verträge zulasten Dritter sind aber nicht möglich, weshalb auch diese Möglichkeiten begrenzt sind.

Die Vereinbarung sollte deshalb unbedingt eine Rechtsnachfolgeklausel vorsehen. Beide Parteien verpflichten sich, alle Rechte und Pflichten aus der Vereinbarung auf einen etwaigen Rechtsnachfolger mit entsprechender Weitergabeverpflichtung zu übertragen. Verletzt eine der Parteien diese Pflicht, entsteht allerdings die gewünschte Bindungswirkung nicht. Um dieser Verpflichtung mehr Nachdruck zu verleihen, kann bei Verstoß eine Vertragsstrafe vereinbart werden, deren Realisierung wiederum in geeigneter Form abgesichert werden sollte.

Was Sie aus diesem *essential* mitnehmen können

- Sie kennen das baubezogene Nachbarrecht
- Sie wissen um die Ansprüche des Bauherrn und die Abwehrrechte des Nachbarn
- Sie kennen wichtige Formalien und haben Lösungen für Standardprobleme
- Sie können eine Nachbarvereinbarung gestalten

© Springer Fachmedien Wiesbaden GmbH 2017
C. Pfisterer, *Nachbarrecht im Bauwesen,* essentials,
DOI 10.1007/978-3-658-16480-5

Gesetzesnachweise

Zivilrecht
BGB
http://www.gesetze-im-internet.de/bgb/

Architektenrecht
HOAI
http://www.gesetze-im-internet.de/hoai_2013/

Öffentliches Baurecht
BauGB
http://www.gesetze-im-internet.de/bbaug/index.html

BauNVO
http://www.gesetze-im-internet.de/baunvo/index.html

Bundesverwaltungsgericht
http://www.bverwg.de/entscheidungen/suche.php

AVV Baulärm
http://www.verwaltungsvorschriften-im-internet.de/bsvwvbund_19081970_IGI7501331.htm

32. Verordnung zur Durchführung des Bundes-Immissionsschutzgesetzes (Geräte- und Maschinenlärmschutzverordnung - 32. BImSchV)
http://www.gesetze-im-internet.de/bimschv_32/

MBO
https://www.bauministerkonferenz.de/verzeichnis.aspx?id=991&o=75909860991

© Springer Fachmedien Wiesbaden GmbH 2017
C. Pfisterer, *Nachbarrecht im Bauwesen,* essentials,
DOI 10.1007/978-3-658-16480-5

§ 71 LBO Baden-Württemberg
https://vm.baden-wuerttemberg.de/fileadmin/redaktion/m-mvi/intern/Dateien/PDF/
LBO_150301_.pdf

§ 82 BauO Bln
http://www.stadtentwicklung.berlin.de/service/gesetzestexte/de/download/bauen/
BauOBln.pdf

§ 82 BremLBO
http://www.bauumwelt.bremen.de/detail.php?gsid=bremen213.c.3559.de

§ 79 HBauO
http://www.landesrecht-hamburg.de/jportal/portal/page/bshaprod.psml?doc.id=jlr-
BauOHA2005rahmen&st=lr&showdoccase=1&paramfromHL=true#focuspoint

§ 75 HessBO
http://www.rv.hessenrecht.hessen.de/lexsoft/default/hessenrecht_rv.html?doc_
hl=1&doc_id=jlr-BauOHE2010rahmen&documentnumber=1&numberofresults=1
06&showdoccase=1&doc_part=R&paramfromHL=true#docid:169492,1,20151209

§ 83 LBau M-V
http://www.landesrecht-mv.de/jportal/portal/page/bsmvprod.psml?showdoc
case=1&st=lr&doc.id=jlr-BauOMV2015rahmen&doc.part=X&doc.origin=bs

§ 92 NBauO
http://www.ms.niedersachsen.de/themen/bauen_wohnen/oeffentliches_planungs_
baurecht/niedersaechsische_bauordnung/das-neue-bauordnungsrecht-in-nieder-
sachsen-105407.html

§ 83 BauONRW
https://recht.nrw.de/lmi/owa/pl_text_anzeigen?v_id=58200311060923333838#
det352691

§ 86 LBauO Rheinland-Pfalz
http://landesrecht.rlp.de/jportal/?quelle=jlink&query=BauO+RP&psml=bsrlpp
rod.psml

§ 83 LBO Saarland
http://www.saarland.de/dokumente/res_innen/2130-1.pdf

§ 83 SächsBO
http://revosax.sachsen.de/vorschrift/1779-SaechsBO#p83

§ 82 BauO LSA
http://www.landesrecht.sachsen-anhalt.de/jportal/?quelle=jlink&query=BauO+S
T&psml=bssahprod.psml&max=true&aiz=true

§ 80 LBO Schleswig-Holstein
http://www.gesetze-rechtsprechung.sh.juris.de/jportal/?quelle=jlink&query=Bau
O+SH&psml=bsshoprod.psml&max=true&aiz=true

§ 80 ThürBO
http://landesrecht.thueringen.de/jportal/?quelle=jlink&query=BauO+TH&psml
=bsthueprod.psml&max=true&aiz=true

Nachbarrecht
Baden-Württemberg
http://www.landesrecht-bw.de/jportal/portal/t/9bk/page/bsbawueprod.psml/action/
portlets.jw.MainAction?p1=0&eventSubmit_doNavigate=searchInSubtreeTOC
&showdoccase=1&doc.hl=0&doc.id=jlr-NachbGBWrahmen&doc.part=R&toc.
poskey=#focuspoint

Bayern
http://www.gesetze-bayern.de/Content/Document/BayAGBGB-G2_7?Aspx
AutoDetectCookieSupport=1

Berlin
http://gesetze.berlin.de/jportal/portal/t/4jl/page/bsbeprod.psml?pid=Dokumentan
zeige&showdoccase=1&js_peid=Trefferliste&documentnumber=1&numberofre
sults=2&fromdoctodoc=yes&doc.id=jlr-NachbGBErahmen&doc.part=X&doc.
price=0.0&doc.hl=1

Brandenburg
http://bravors.brandenburg.de/de/gesetze-212898

Hessen
http://www.rv.hessenrecht.hessen.de/lexsoft/default/hessenrecht_rv.html?doc.
id=jlr-NachbGHE1962rahmen%3Ajuris-lr00&showdoccase=1&documentnumb
er=1&doc.part=X#docid:169758,1,20141009

Niedersachsen
http://www.voris.niedersachsen.de/jportal/?quelle=jlink&query=NachbG+ND&
psml=bsvorisprod.psml&max=true

Nordrhein-Westfalen
http://www.lexsoft.de/cgi-bin/lexsoft/justizportal_nrw.cgi?t=1304427563162563
02&xid=167190,1

Rheinland-Pfalz
http://landesrecht.rlp.de/jportal/?quelle=jlink&query=NachbG+RP&psml=bsrl
pprod.psml

Saarland
http://www.saarland.de/dokumente/thema_justiz/403-2.pdf

Sachsen
https://publikationen.sachsen.de/bdb/artikel/10596

Sachsen-Anhalt
http://www.mj.sachsen-anhalt.de/fileadmin/Bibliothek/Politik_und_Verwaltung/
MJ/MJ/publik/nachbarrecht.pdf

Schleswig-Holstein
http://www.gesetze-rechtsprechung.sh.juris.de/jportal/?quelle=jlink&query=Nac
hbG+SH&psml=bsshoprod.psml&max=true&aiz=true

Thüringen
http://landesrecht.thueringen.de/jportal/?quelle=jlink&query=NachbG+TH&ps
ml=bsthueprod.psml&max=true&aiz=true

}essentials{

„Schnelleinstieg für Architekten und Bauingenieure"

Gut vorbereitet in das Gespräch mit Fachingenieuren, Baubehörden und Bauherren! „Schnelleinstieg für Architekten und Bauingenieure" schließt verlässlich Wissenslücken und liefert kompakt das notwendige Handwerkszeug für die tägliche Praxis im Planungsbüro und auf der Baustelle.

Dietmar Goldammer (2015)
Betriebswirtschaftliche Herausforderungen im Planungsbüro
Print: ISBN 978-3-658-12436-6
eBook: ISBN 978-3-658-12437-3

Christian Raabe (2015)
Denkmalpflege
Print: ISBN 978-3-658-11528-9
eBook: ISBN 978-3-658-11529-6

Michael Risch (2015)
Arbeitsschutz und Arbeitssicherheit auf Baustellen
Print: ISBN 978-3-658-12263-8
eBook: ISBN 978-3-658-12264-5

Ulrike Meyer, Anne Wienigk (2016)
Baubegleitender Bodenschutz auf Baustellen
Print: ISBN 978-3-658-13289-7
eBook: ISBN 978-3-658-13290-3

Rolf Reppert (2016)
Effiziente Terminplanung von Bauprojekten
Print: ISBN 978-3-658-13489-1
eBook: ISBN 978-3-658-13490-7

Printpreis 9,99 € | eBook-Preis 4,99 €

Sie sind Experte auf einem Gebiet der Bauplanung, Baupraxis oder des Baurechts? Werden auch Sie Autor eines *essentials* in unserem Verlag!
Kontakt: Karina.Danulat@springer.com

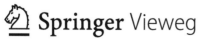 **Springer** Vieweg

Änderungen vorbehalten. Stand Oktober 2016. Erhältlich im Buchhandel oder beim Verlag.
Abraham-Lincoln-Str. 46 . 65189 Wiesbaden . www.springer.com/essentials

}essentials{

„Schnelleinstieg für Architekten und Bauingenieure"

Gut vorbereitet in das Gespräch mit Fachingenieuren, Baubehörden und Bauherren! „Schnelleinstieg für Architekten und Bauingenieure" schließt verlässlich Wissenslücken und liefert kompakt das notwendige Handwerkszeug für die tägliche Praxis im Planungsbüro und auf der Baustelle.

Florian Schrammel, Ernst Wilhelm (2016)
Rechtliche Aspekte im Building Information Modeling (BIM)
Print: ISBN 978-3-658-15705-0
eBook: ISBN 978-3-658-15706-7

Andreas Schmidt (2016)
Abrechnung und Bezahlung von Bauleistungen
Print: ISBN 978-3-658-15703-6
eBook: ISBN 978-3-658-15704-3

Felix Reeh (2016)
Mängel am Bau erkennen
Print: ISBN 978-3-658-16188-0
eBook: ISBN 978-3-658-16189-7

Cornelius Pfisterer (2017)
Nachbarrecht im Bauwesen
im Erscheinen

Printpreis **9,99 €** | eBook-Preis **4,99 €**

Sie sind Experte auf einem Gebiet der Bauplanung, Baupraxis oder des Baurechts? Werden auch Sie Autor eines *essentials* in unserem Verlag!
Kontakt: Karina.Danulat@springer.com

 **Springer** Vieweg

Änderungen vorbehalten. Stand Oktober 2016. Erhältlich im Buchhandel oder beim Verlag. Abraham-Lincoln-Str. 46 . 65189 Wiesbaden . www.springer.com/essentials

Printed in the United States
By Bookmasters